ビワコオオナマズの秘密を探る

前畑政善

もくじ

ビワコオオナマズ（写真：滋賀県立琵琶湖博物館）

はじめに

みなさんは野外でナマズを見たことがありますか。

ナマズは夜行性であるため、野生の姿を見る機会はたいへん少ないと思います。ただし、田舎では田植え時期にあたる4月下旬から６、７月には、産卵のため田んぼにやってくるので、かつてはそんなに見るのが難しい魚ではありませんでした。

私は１９７４年に滋賀県に職を得てから、ここ30年ほどの間、琵琶《びわ》湖のナマズを調べてきました。そのきっかけは、１９８９年にふとしたことから日本最大のナマズであるビワコオオナマズの産卵をみていたく感動したからです。大きさ１ｍ余もある、この大きなナマズが岸辺の浅瀬で背中を見せながら、40尾、50尾もがうごめくさまは、私にとってはまさにワクワク、ドキドキの世界でした。ビワコオオナマズの産卵場は、私のすむ大津市内の自宅からわずか車で15分ほどのところにありました。その後、他にもないかと湖岸を探し求めると産卵場は大津市内にもう１ヶ所ありました。

以後、ビワコオオナマズの産卵時期になると、じっとしておれず、夜な夜な観察に出かけることになりました。私の観察は5月から7、8月にかけ、連日のように夕方から夜間、時には明け方まで続けられました。オオナマズの観察を続ける中で、これまで断片的にしか知られていなかったこの大きなナマズの暮らしの一部、主には産卵の様子が徐々に明らかになってきました。同時に同じ産卵場にオオナマズ以外にもイワトコナマズとナマズ（マナマズ）も出現しました。特にイワトコナマズは、岩礁《がんしょう》域にすむということ以外、ビワコオオナマズよりももっと生態がわかっていない魚でした。幸運というほかありません。以後、私は琵琶湖にすむナマズ類3種の産卵生態を調べることに没頭することになりました。

本著では、琵琶湖産ナマズ類3種の中でも、特にビワコオオナマズの産卵生態を中心に、このナマズの生態を調査していく中で出遭ったさまざまな出来事なども交えて紹介することにします。

ところで、私が調査をはじめた約30年前と比べると、ビワコオオナマズは随分と数少なくなっています。これは、琵琶湖の護岸工事の進行によって彼らの産卵場所が少なくなったこと、そして北アメリカ原産のオオクチバス（通称ブラックバス）・ブルーギルの増加による、彼らの餌《えさ》となる小魚・エビ類などの減少が、その主たる原因ではないかと考えられます。

読者のみなさんには、本著を通じて私たち人間が、これから自然、あるいは野生生物とどのようにつき合っていくべきかを考えていただければ幸いです。

第1章 ビワコオオナマズってどんな魚？

1 日本のナマズの仲間

ビワコオオナマズとは、どんなナマズだろうか。ご存じの方が多いと思われるが、まずは、このナマズについて簡単に紹介しておきたい。

日本にはナマズの仲間が3種みられる。—本原稿を執筆中に国内でもう一種（タニガワナマズ）が発見された。このナマズについては本著の後に出版予定のブックレットにて詳述する。乞御期待—。

もっとも、ここでいうナマズの仲間とは、狭義《きょうぎ》のナマズ（ナマズ科シルルス属の魚）である。つまり、上顎《うわあご》・下顎にそれぞれ2本、合計4本の口ひげを持ち—ただし、幼魚時は6本—、口はガマ口のように横に広く開く。体全体は黒っぽく、頭部が上下に扁平《へんぺい》で、かつ頭を除けば胴部はやや平たく、尻《しり》びれ—ナマズ研究の先達《せんだつ》である友田淑郎《ともだよしお》さんによれば「全体にわたってカーテンのような尻びれ」—が長く、それと尾びれがつながっている魚のことである。日本にすむナマズと同属、つまりシルルス属（*Silurus* 属）のナマズは、現在、世界で十数種がみられ、中にはアリストテレスナマズ *Silurus aristoteles* などとたいそう賢そうな名前をもったナマズもいる。

おっと、もう一つ忘れもの。体表に鱗《うろこ》がないのもナマズの仲間の大きな特徴である。ただし、これはナマズの仲間全般にほぼ通じることではある。ここで、ほぼと記したのは南米にすむヨロイナマズの仲間であるプレコストムス類（ロリカリア科）には、体全体にわたって鎧《よろい》のような鱗——正確に言えば骨板《こつばん》——があるからだ。

ついでながら、ナマズの仲間をもっと広い意味でとらえれば、国内では淡水にすむギギ（図1—1）やギバチ（ともにギギ科）、アカザ（アカザ科）（図1—2）、あるいは海にすむハマギギ（ハマギギ科）やゴンズイ（ゴンズイ科）などもナマズ（ナマズ目の魚類）である。この広い意味でのナマズの仲間は、科の数が30余りあり、世界に2000種以上みられる。コイの仲間（コイ目魚類）とともに、淡水域で最も繁栄しているグループの一つでもある。

話を元にもどそう。日本にすむナマズ3種とは、具体的にはナマズ（別名マナマズ）、ビワコオオナマズ、イワトコナマズがそれらである。これらナマズ類のすべての種が琵琶湖に生息する（図1—3）。3種のうちナマズは国内に広く分布し、一方、残りの2種は琵琶湖—淀《よど》川水系に分布が限られている。

ビワコオオナマズやイワトコナマズは、関東地方にある一部の水族館などで展示されることもある。それゆえ、琵琶湖地域以外の方の中にも実際にこれら2種のナマズを見たことのある方もおられようが、その絶対数はナマズを見たことのある人に比べてはるかに少ないものと思われる。

図1-1 **ギギ** *Tachysurus nudiceps*
（ギギ科、写真　滋賀県立琵琶湖博物館）
※以下、滋賀県立琵琶湖博物館は、LBM（Lake Biwa Museum の略）と表記

図1-2 **アカザ** *Liobagrus reini*
（アカザ科、写真　LBM）

図1-3 **ナマズ** *Silurus asotus*（上）、
イワトコナマズ *S. lithophilus*（中）、
ビワコオオナマズ *S. biwaensis*（下）
（写真　LBM）

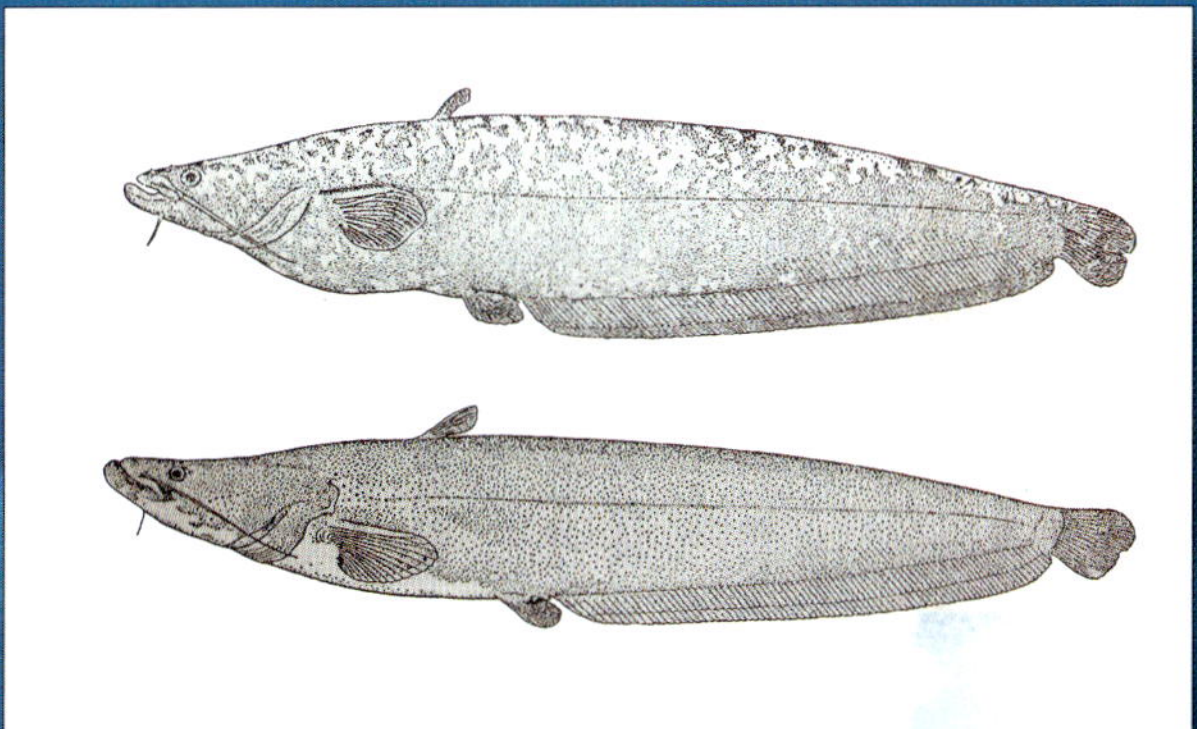

図1-4 **友田淑郎さんが記載したビワコオオナマズ**（下）、
イワトコナマズ（上）**の原図**
（友田 1961; 京都大学理学部の許可を得て掲載）

2 60年前にビワコオオナマズと命名

ビワコオオナマズの存在がイワトコナマズとともに広く知られるようになったのは、今から約60年前のことである。すなわち、１９６１年に当時京都大学の院生であった友田淑郎さんが、それまで地元でオオナマズ（またはオナマズ）と呼ばれていたものを詳しく調べ、それが普通のナマズ（マナマズ）とはまったく異なる別種であることを発見した（図１－４）。その間の事情は、現在では絶版になったが、友田さんが著した『琵琶湖とナマズ』（１９７８年、汐文社刊）に詳しい（図１－５）。

ここでは本著の主役であるビワコオオナマズの形態的な特徴について友田淑郎さんの論文・著書や高井則之《のりゆき》さん（日本大学准教授）の大学院時代の論文、あるいは北湖の漁師さんたちの話にもとづいて、以下にもう少し詳しく述べてみよう。

ビワコオオナマズは琵琶湖の北湖《ほっこ》を主たる生息場としている。成魚の全長は、70～１００㎝余。概してメスの方がオスよりも大型になる。体つきはナマズやイワトコナマズなどのそれと比べて幾分スマートである。また、下顎がやや突き出している。下顎のひげはナマズと比べて細くて弱々しい。これらの特徴は、このナマズが湖中を広く泳ぎ回って魚類を食べているためだと考えられている。体色は全体がやや淡い青みがかった灰黒色で

図1-5
『琵琶湖とナマズ』
（友田 1961: 汐文社）

金属光沢を帯びている。、腹部は白い（ただし、時おり、全身が黄色のものが漁獲される。コラム1 26〜27頁参照）。産卵期には浅所の岩場に多数が集まって産卵する。産卵期以外の季節には単独生活を送っている。なお、北湖の漁師さんの話によれば、ビワコオオナマズの産卵は年に1、2回で、特に梅雨あがりの7月中旬には大産卵があるという。日中は岸辺の岩場の深所に潜んでおり、夜間には魚の群れを追って琵琶湖の中層〜表層を活発に泳ぎ回っている。時おり、漁師さんが湖中に仕掛けた刺網《さしあみ》（小糸《こいと》網）にかかる。これはオオナマズが網にかかった魚を狙《ねら》って、その際、誤って網にかかるのだという。オオナマズの餌はアユ（琵琶湖のアユは、海アユと違って成魚になっても体長が10cm程度なので、特に〝コアユ〟と呼ばれる）のような小魚からゲンゴロウブナ、ニゴイ、ビワマスなどの中型魚である（図1-6）。漁師さんの話によれば、時にはオオナマズの胃袋からアユが1升《しょう》（約1・8リットル）ほども出てくることがあるという。なお、高井則之さんの調査によれば、近年では琵琶湖で著しく増えたブルーギルも食べているという。

ビワコオオナマズの子どもを、漁師さんたちは称して特にカミソリナマズと呼んでいる。その体型、特に尾柄《びへい》部が薄くて長いため切れ味の鋭いカミソリを連想させるためであろう。こうした特徴は体長が4cmを超えるころから現れ始め、体長7cmを超えるといっそう顕著になるらしい。

ビワコオオナマズのこうした特異な形態的特性は、夜間に北湖の広大な沖合を泳ぎ回って遊泳している魚類を襲って食べるという、彼らの生活の特性を色濃く反映したものであろうと考えられる。

アユ（コアユ） *Plecoglossus altivelis* subsp.

ゲンゴロウブナ *Carassius cuvieri*

図1-6　ビワコオオナマズの餌となる魚たち
（写真　LBM）

ニゴイ *Hemibarbus barbus*

ビワマス *Oncorhynchus* sp.

3 350万年前からいたビワコオオナマズ

小早川みどりさんの研究によれば、現生《げんせい》（現在生息している種）のビワコオオナマズと違わない形態をしたナマズの化石が今から約350万年前の琵琶湖の地層（古琵琶湖層群）から出土しているという。それが事実とすれば、現生ビワコオオナマズは琵琶湖の移動に合わせ、長大な年月をかけて現在まで生き続けてきたことになる。

写真の化石（図1―7）は小早川《こばやかわ》みどりさんがビワコオオナマズと同定した化石の写真である。これらの化石は、今から約350万年前に古琵琶湖が現在の三重県伊賀《いが》市の旧上野《うえの》市域にあった頃の地層から発掘されたものである（図1―9）。

小早川さんによれば、この化石から推定される当時のナマズの大きさは体長55㎝であるというから、大きさは現生のビワコオオナマズよりもむしろ普通のナマズと変わらない。現生のビワコオオナマズの体が大きくなったのは、小早川さんが推定したように、琵琶湖が今から40万年前に深くて大きな湖へと変化をとげ、魚類相が古琵琶湖とは違ったこと、言い換えればそれらが豊かになったことと関連して起こったと考えることができるだろう。

ちなみに、渡辺勝敏さん（京都大学）によれば、四国の讃岐《さぬき》層群（香川県）でナマズ科の化石（図1―8）が発見されるまでは、古琵琶湖層から発見されたビワコオオナマズ化石が世界で最も古いナマズ科の化石であったという。

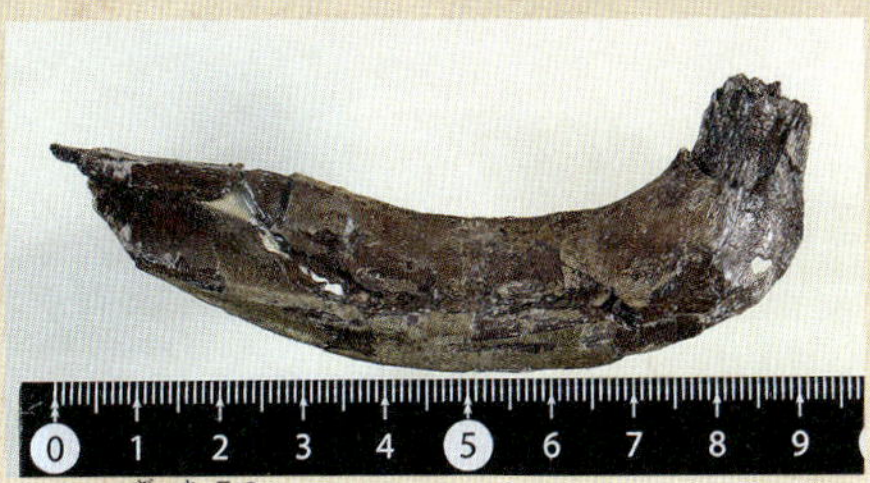

a: 左擬《ぎ》鎖《さ》骨《こつ》

b: 胸びれの棘《とげ》

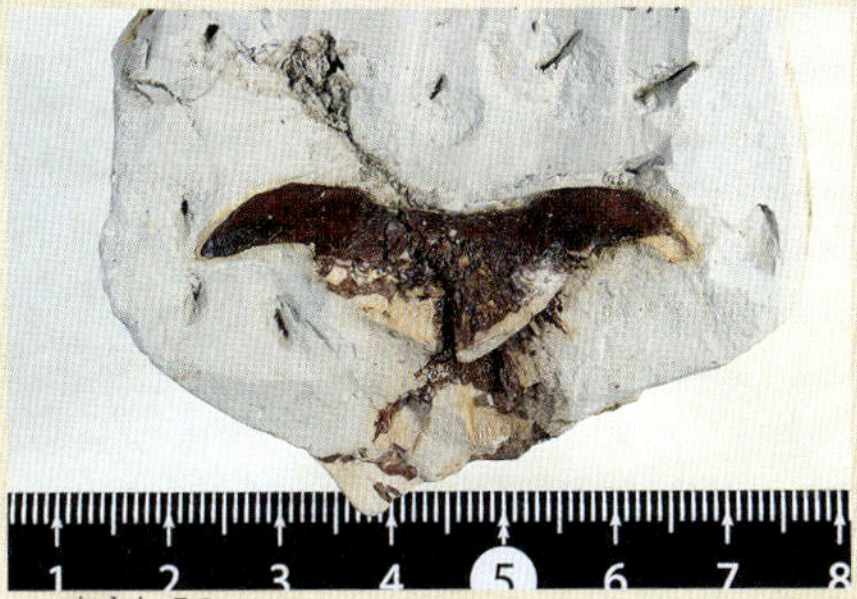

c: 中《ちゅう》篩《し》骨《こつ》

図1-7 350万年前の地層（古琵琶湖層）から発見されたビワコオオナマズ化石
（小早川2001、撮影：高橋啓一）

図1-8 讃岐層群（四国）から出土したナマズ科魚類の化石
（撮影：渡辺勝敏）

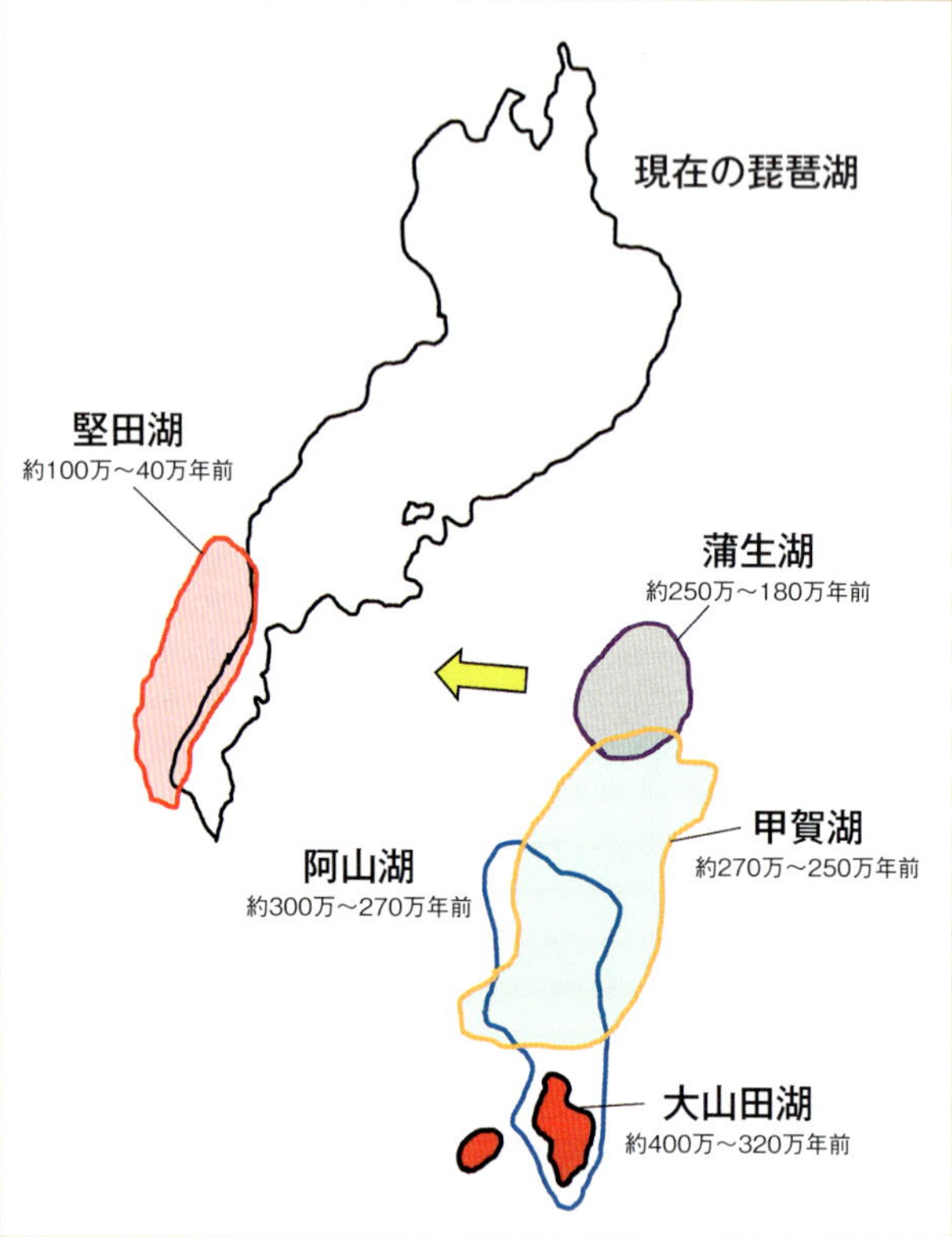

図1-9 **ビワコオオナマズ化石が出土した古琵琶湖の位置**
（赤く塗りつぶした部分：滋賀県立琵琶湖博物館作成の原図を改変）

4 記録に残る最大のビワコオオナマズ

琵琶湖で獲れるビワコオオナマズの大きさは通常70〜100cm。ただし、私が過去数十年間にみた最大の個体は全長約130cmであった。しかし、江戸時代後期の1806年に小林義兄《よしえ》さんによって著された『湖魚考《こぎょこう》』という本には、「なまづ　鯰《なまず》」の項に以下のような巨大なナマズの記述がみられる（図1-10）。

…先頃の洪水に坂田郡長濱《ながはま》の市《いち》に南濱《みなみはま》の辺にて得しを持したるを見るに、その重さ十七貫目長さ九尺余、其外四、五尺のものは八、九本あり。之《これ》を食うに五尺余のもの皮厚く少し良き味ありて美味ならず…（文中の句読点は筆者挿入。漢字に振り仮名も加えた。以下同）

つまり、長さが9尺（約2・7m）ものナマズがとれたとの記録がある。しかし、現在獲れているビワコオオナマズの大きさを考えれば、琵琶湖にそのようなオオナマズが生息していたとはにわかには信じがたい。同じく前記古文書にやや遅れ、1815年に藤居重啓《ふじいじゅうけい》さんによって著された『湖中産物圖證《ずしょう》』（図1-10右側）においても6尺（約198cm）の大ナマズが獲れたとの記述がみられる。

…近年湖上大藪《おおやぶ》ノ浦ニテ大網ニ入シ、鯰魚《なまず》長サ凡《およそ》六尺、頭ノ廣《ひろ》サ一尺餘《あまり》アリ、藩中ノ魚店ニテ此レヲ…

ともあれ、もし前記の『湖魚考』にある記述が事実であるとすれば、その正体はおそらくビワコオオナマズであろう。

私たち人間（哺乳類）や鳥類はあるサイズまで育つと成長は止まるが、魚類の場合は生きているかぎり成長を続けるから、このように大きなナマズがいる可能性はないとは言えない。江戸時代に琵琶湖で捕獲されたと『湖魚考』に載せられている全長2・7mの大ナマズは、次節で紹介するヨーロッパナマズに匹敵したサイズである。ただし、ナマズは魚の仲間である。したがって、初めから〝尾ひれ〟がついているのだから、この話は〝眉《まゆ》つばもの〟である可能性もある。

真偽のほどはともあれ、私たちが2001年に琵琶湖博物館で開催した「鯰《なまず》展」ではこの2・7mのオオナマズの模型を作って展示したところ、来館者にはたいへん好評であった（図1－11）。好評であったが故であろうか、展覧会が終わるころには、このオオナマズの上顎にある長いひげが来場者によってグニャグニャに曲げられてしまった。私たちが予期し得なかった出来事であった。

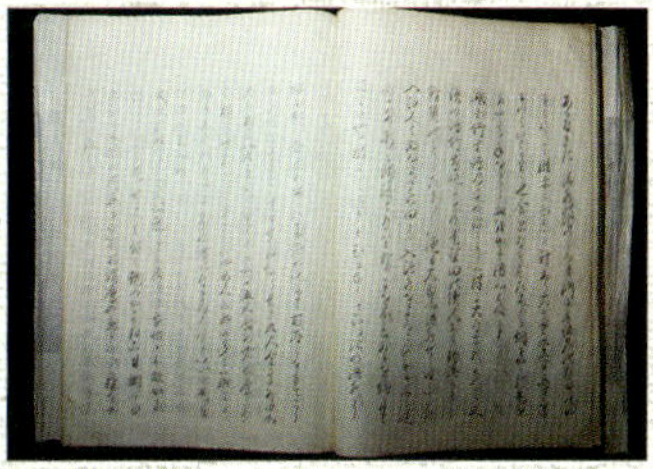

『湖魚考』のナマズについて
書かれているページ

図1-10 **『湖魚考』**(彦根市立図書館所蔵)**と**
『湖中産物圖證』(滋賀県立図書館所蔵)
琵琶湖博物館で2001年に開催された「鯰《なまず》展」での展示の様子

図1-11 **「鯰展」**(2001年、琵琶湖博物館にて開催)**において**
展示された全長 2.7m の大ナマズの模型

5 世界最大のナマズ、世界最小のナマズ

先にも述べたが、魚は哺乳類や鳥類とは違って生きているかぎり成長を続ける。つまり大きくなる。とはいえ、それは生息環境に餌がそこそこある場合のことである。餌がなければ成長しないのは当然のことである（魚類ではまだ確認例はないが、世界最大の両生類であるオオサンショウウオではマイナス成長さえ見られるという）。

世界最大のナマズはと言えば、ヨーロッパナマズ（ナマズ科、*Sirulus granis*）やメコンオオナマズ（パンガシウス科 *Pangasianodon gigas*）がその双璧《そうへき》であろう。

ヨーロッパナマズは、その大きさに敬意を表してか、ヨーロッパオオナマズと呼ばれることもある（図1-12）。国内において時おり観賞魚店で幼魚が販売もされている。本種の寿命は15年以上とされ、夜間に魚類、甲殻類、果てはネズミ類や水鳥を襲って食べるという。日本では2016年に特定外来生物に指定され、飼養・保管・運搬・放流・輸入などが規制されている。国内には定着していないが、滋賀県では2005年に大津市瀬田南のびわこ文化公園の池でアルビノ個体が確認され、マスコミを賑《にぎ》わせたことがある。

本種は日本産のナマズ類（ナマズ科）に近縁な魚で、体の大きささえ問わなければ日本のナマズと外見はほとんど変わらない。ただし、本種には成魚であっても口ひげが6本あるため区別は容易である。—なお、日本のナマズ類3種にも幼魚時は口ひげが6本あるが、成長とともに下顎の2本がなくなり、最終的には4本となる。ヨーロッパナマズはヨーロッパの大河川に

図1-12 **ヨーロッパナマズ** *Silurus glanis*
（1996年12月　スイス・ニョンのレマン湖博物館にて　撮影：嘉田由紀子）

図1-13 **メコンオオナマズ** *Pangasianodon gigas*
現地では「プラー・ブック」と呼ばれている
（上・下撮影：河本新）

広く分布している。これまでの捕獲された最大個体は全長5m余りにも達すると言われる。とはいえ、これは公式記録ではなく、諸説あるが、その確実な記録によれば全長3m程度であるとされる。

メコンオオナマズはメコン川水系（タイ、カンボジア、ラオス、ベトナムなど）の固有種である（図1―13）。現地では〝プラー・ブック〟と呼ばれている。本種は大きなものでは全長3m、体重は300kgに達するとされる。かつてはメコン川流域に数多く生息していたが、近年では乱獲やダム建設による移動阻害などによって生息数は激減しているという。現在では国際自然保護連合（IUCN）のレッドリストで絶滅危《き》惧《ぐ》種（CR）に指定され、また、ワシントン条約で商取引が厳しく規制されている。本種の最近における最大記録は、2005年5月にタイ北部で捕獲された全長2・7m、体重293kgのものである。

南米の大河にも大きなナマズがいる。ピライーバ *Brachyplathystoma filamentosum* がそれで、時に全長が3・6mに達することもあるとされる（図1―14）。

図1-14 **ピライーバ**（剥製標本）*Brachyplathystoma filamentosum*
（秋篠宮家所蔵）
この標本は秋篠宮様の御厚意により、琵琶湖博物館で2001年に開催された「鯰展」において展示された

ところで、上記のナマズ類は、南米の大河川にすむピラルクー *Arapaima gigas*（アロワナ科）やアメリカ南部からコスタリカにかけてみられるアリゲーターガー *Atractosteus spatula*（ガー科）、あるいはオオチョウザメ *Huso huso*（チョウザメ科）などとともに、しばしば世界最大の淡水魚とされている。

次に世界最小のナマズについて触れたい。世界最小のナマズはと言えば、南米大陸の河川に広く分布するコリドラス属 *Corydoras*（カリクティス科）のナマズであろう（図1–15、図1–16）。この仲間は未同定のものも含めて200種以上いるとされ、日本へは観賞魚として多数が輸入されている。愛好家の間ではスカベンジャー（水槽の掃除屋さん）としてよく知られている種類で、2、3の種は成魚でも体長が3㎝以下という小さな魚である。

なお、コリドラスの仲間はメスがオスの精液を飲み込んで卵を受精させるという、きわめて特異な繁殖習性を持っていることが1994年頃に大阪市立大学の幸田正典さんによって明らかにされている。

図1-15 世界最小のナマズの仲間
コリドラス・アエネウス *Corydoras aeneus*

図1-16 世界最小のナマズの仲間
コリドラス・パリアトゥス *Corydoras paleatus*

し、また体色がめだつため外敵に発見されやすいというハンディをもつ。したがって、自然界での生存率はきわめて低いのが実態である。

ナマズ類ではアルビノ個体が他の動物よりも多いように思われる。考えてみるに、ナマズの場合は、暗闇の中を泳ぎ回り、主に嗅覚《きゅうかく》を使って餌をとっているから視力の弱さはあまり問題とならないし、活動時間帯が夜間であるため、外敵にも襲われにくい。かくしてナマズ類ではアルビノ個体が比較的生き残りやすいのではなかろうか。

琵琶湖にすむナマズ類３種（ビワコオオナマズ、ナマズ、イワトコナマズ）のすべてにアルビノ個体がみられる。ただし、ビワコオオナマズのアルビノ個体が発見されるのは、10年に１度程度と、その出現割合は低いようである。

図1-18

滋賀県立琵琶湖博物館のトンネル水槽に収容された黄色いビワコオオナマズ

照明の加減によって白く見えることもある

図1-19 **水槽内を遊泳する黄色いビワコオオナマズ**

普段は水槽の底にじっとしているが、日中でも時おり泳ぎまわることがある

コラム1 全身が黄色いビワコオオナマズ

琵琶湖博物館の水族展示で体全体の黄色いビワコオオナマズがトンネル大水槽で展示されることがある（図1－17～19)。ビワコオオナマズに限らず、黄色いナマズは「金色のナマズ」、あるいは「黄金ナマズ」としてしばしば世間で話題になる。

ビワコオオナマズは、通常の個体は体の色が黒いのだが、これらに時として黄色い個体が出現するのはなぜだろうか。実は、これには黒い色素（メラニン色素）を合成するために必要なチロシナーゼという酵素が関係している。つまり、これらの黄色い個体は、この酵素が欠乏しているか、またはその活性が低いために、メラニン色素をつくることができず体色が黄色くなるのである。劣性遺伝、あるいは突然変異によって発現する。

黒色色素をもっていない動物（あるいはそうした現象）は、一般にアルビノ（albino）と呼ばれる。アルビノという言葉はラテン語の“albus”（白い）から来ている。完全なアルビノ個体は眼（瞳孔《どうこう》）も赤く見える。これは黒色色素をもたないために眼底の血管の色が透けて見えるためである。

アルビノは、ナマズ類に限らず、哺乳類、鳥類、両生・爬虫類、魚類など動物界に広く認められる。しかし、アルビノ個体は、視力が弱いため他の通常体色の個体に比べて俊敏に動けない

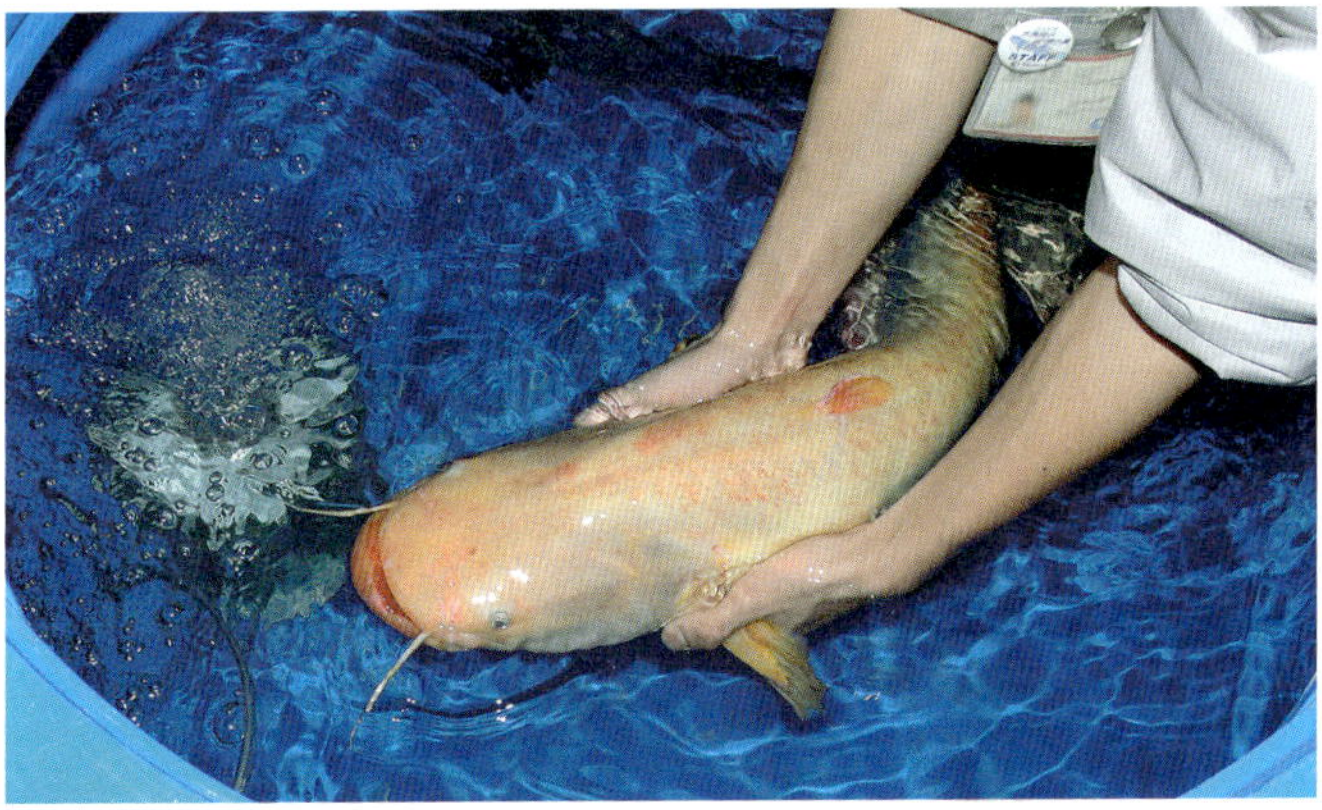

図1-17 琵琶湖博物館に持ち込まれた全身が黄色いビワコオオナマズ
2006年1月11日に高島市新旭町沖合で捕獲された（撮影：松田征也）

第2章　ビワコオオナマズの産卵

1 市街地にあった産卵場

〝バシャバシャバシャ～〟。その水音は私が以前から脳裏に描いていたよりもずっと小さく感じられた。場所は滋賀県大津市内のとある琵琶湖の湖畔（図2–1、図2–2）。私が立っているすぐ横を自動車がビュンビュンとヘッドライトを照らしながら通り過ぎてゆく。水音は、ビワコオオナマズが産卵した直後に水を大きくかき混ぜる音。70～100cm余りもあるオオナマズ数十尾が、増水で水をかぶった岩場の浅瀬に背中を水面に出しては、夢中で産卵しているのだ。時おり通り過ぎる車のライトが目に入って、私にはそれがひどくわずらわしい。それにしても、大津市内にビワコオオナマズの産卵場があったとは……。

それまでビワコオオナマズの産卵場はといえば、琵琶湖の北湖と図鑑にも書かれていたし、漁師さんから時おり入る情報も北湖のものばかりであった。それゆえ、これには私ならずとも驚かざるを得なかっただろう。数十万年間、いやそれ以上かもしれない、ヒトが琵琶湖のまわりに住み始めるずっとはるか以前から行っていたであろう、彼らの種存続の営みである崇高な儀式が私のすぐ目と鼻の先で行われているのだ。

私は、さらに1カ月ほどオオナマズの産卵場を探し求め、夜中に大津市内の琵琶湖岸から瀬田川周辺を徘徊《はいかい》した。すると、産卵場は、先に見つけた場所の近くにもう1カ所発見された。

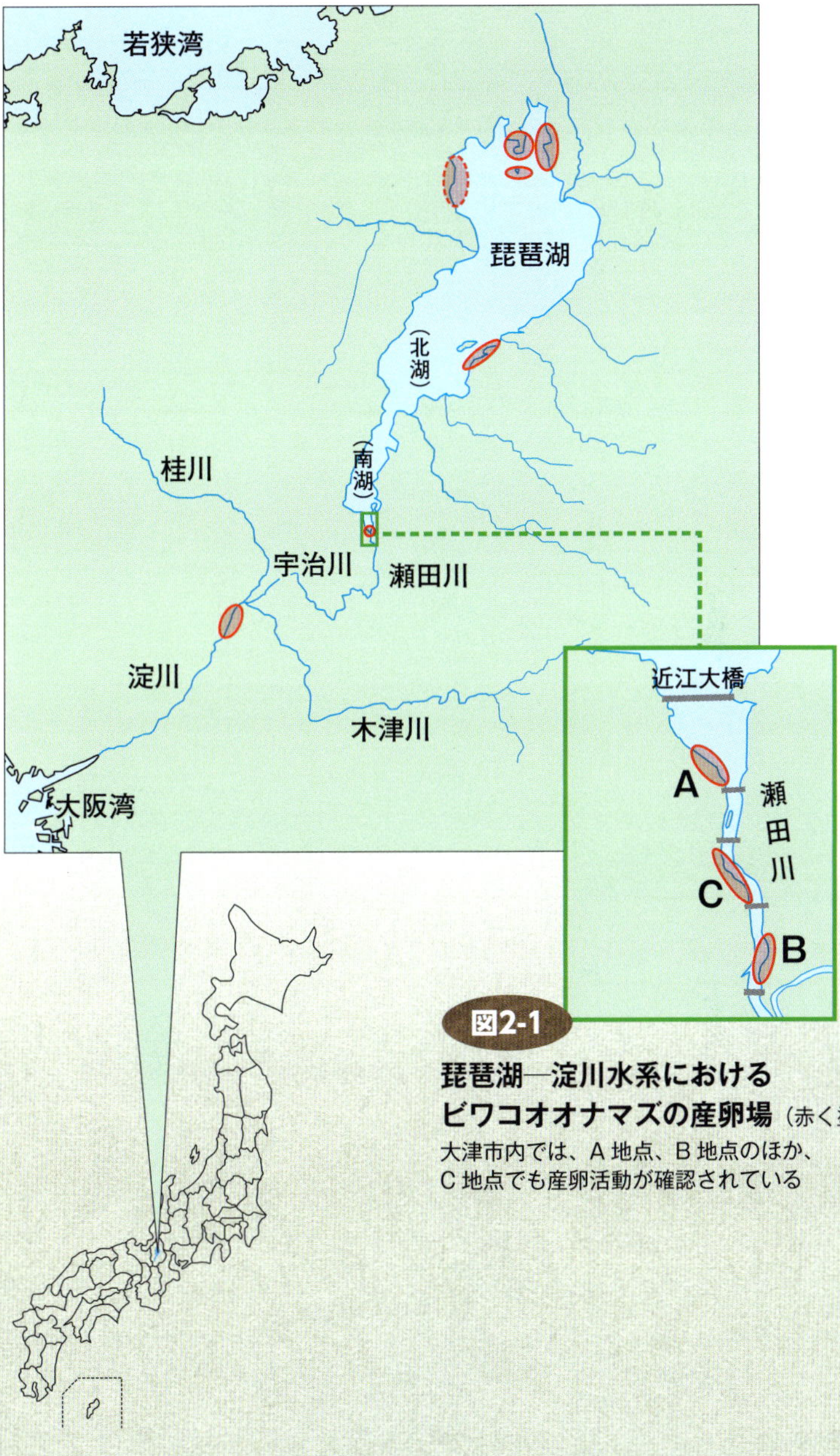

図2-1

琵琶湖—淀川水系における
ビワコオオナマズの産卵場（赤く塗った所）

大津市内では、A 地点、B 地点のほか、
C 地点でも産卵活動が確認されている

残念ながら、現在では護岸改修によって、2カ所あった産卵場は彼らの産卵場として機能しなくなってしまった。そうなった理由は後で述べることにする（第4章　75頁参照）。

ところで、ビワコオオナマズの産卵を琵琶湖の北湖で観察した小早川みどりさん（当時、京都大学院生）によると、このナマズの産卵時の水音は「ゴボゴボゴボ、パシャ〜」だそうで、私が大津市内の産卵場で聞く水音とはずいぶん違っていた。この音の違いは、個人の聴覚能力による違いだろうか？　はたまた場所の違いによるものだろうか？　このことについては、後ほどふれてみたい。

図2-2　**大津市内の産卵場**
1990年代の初頭まで当地は産卵場として機能していた

2 ビワコオオナマズの生息場所と分布

話はもどって繰り返しになるが、ビワコオオナマズはこれまで琵琶湖の北湖が主たる生息場とされ、産卵場もまた北湖に限られるとされてきた。琵琶湖で長年にわたってナマズ類の研究を行っていた国立科学博物館研究官であった故友田淑郎《よしお》さん（２０１７年没）によると、オオナマズが産卵する環境は、ヨシがまばらに生え、転石《てんせき》の多い湖岸（礫《れき》性湖岸）であるという。

最近では、大阪・枚方《ひらかた》市在住の紀平肇《きひらはじむ》さんやご子息である紀平大二郎さん、琵琶湖博物館飼育員の長田智生《ながたともお》さんらの調査によって、このナマズは瀬田川から宇治《うじ》川、果てはさらに下流の淀川にまで広く分布していることがわかってきた。なお、瀬田川―宇治川―淀川の名称は、下流に下るにつれて名称が変わる１本の河川である（もっとも、淀川は宇治川が京都府下で右岸から桂《かつら》川を、また左岸から木津川をそれぞれ合わせて１本の河川となっている）。

もちろん、宇治川上流にある天ケ瀬《あまがせ》ダムのダム湖の中にもこのナマズは生息している（図２―３）。このことは水族館の先達である故松田尚一《しょういち》さんらの調査によって明らかにされたものだ。

瀬田川が京都府に宇治川本流の宇治市槇島《まきしま》町にある隠元《いんげん》橋のすぐ下手では長田智生さんによってビワコオオナマズの幼魚（全長53・8㎜）が採集されており（図２―４）、特に淀川では本種が繁殖活動を行なっていることが紀平大二郎さんの調査によって明らかにされている（図２―５）。紀平さんによれば当地では増水で冠水した浅瀬の水際で産卵が行われているという（図２―６）。

図2-3 天ヶ瀬ダムで漁獲されたビワコオオナマズ
後方にダム湖の水面が見える（撮影：松田尚一）

図2-4
宇治川で採集されたオオナマズ幼魚
（全長 53.8㎜）

図2-5 **淀川が増水した時に産卵のために岸辺の浅瀬へ侵入したビワコオオナマズ**
（撮影：紀平大二郎）

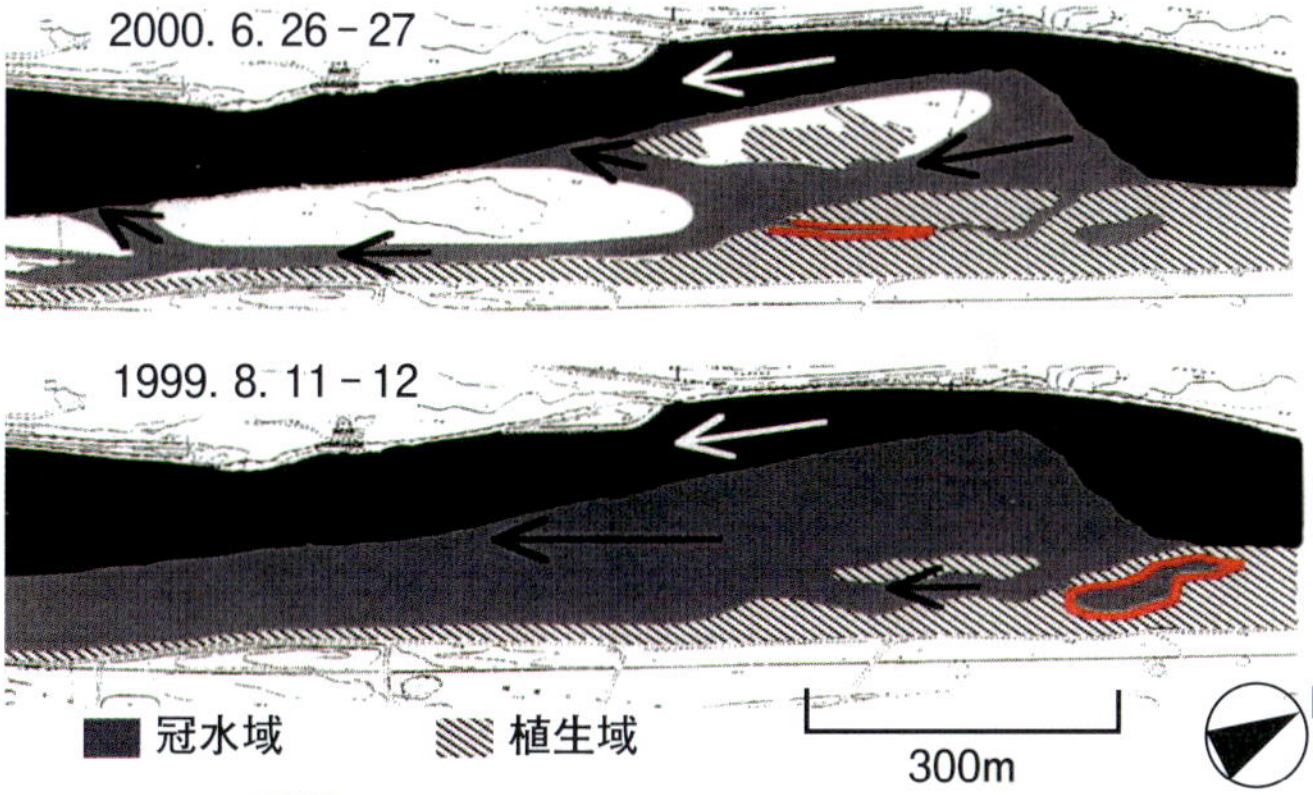

図2-6 **淀川におけるナマズ類の産卵場所**
（赤色の太い線の所）（紀平大二郎原図）

ともあれ、ビワコオオナマズは、最近になって分布を広げ、さらに産卵場所さえ拡大し、その分布、勢力を拡げているのだろうか？

近代に入って以降、瀬田川や宇治川では、明治から大正期にかけては南郷洗堰《なんごうあらいぜき》（１９０５年）や志津川《しづがわ》ダム（１９２４年）が築造され、昭和に入ってからは天ヶ瀬ダム（１９６４年）が造られ、さらに現代では護岸改修や川底の掘削《くっさく》などにより環境が大きく改変されてしまっている（図２−７−１・図２−７−２・図２−８・図２−９）。

現生のビワコオオナマズが琵琶湖にすみついたのは、私たち人間が住みついたとされるおよそ２万年前よりはるか以前、琵琶湖が現在の位置に腰をすえ、現在の大きさになった40万年前以降と想定される。私には、いつの時代に琵琶湖から流れ出す水が大阪湾方向へ流下を始めたのかはわからないが、ともかくも太古の時代からオオナマズの幼魚や親魚が琵琶湖から流れ出す河川を下るということがあったとしても、特に驚くにはあたらない。かくして、大昔からビワコオオナマズは宇治川、淀川にすみつき、産卵活動を行っていたと推測されるのである。

では、どうしてこれまで淀川でのオオナマズの産卵活動がわかっていなかったのだろうか。ビワコオオナマズは、他のナマズの仲間と同様に夜間に活動するため、昼行性の動物である私たち人間とは当然のことながら生活時間帯が重ならない。そのため私たちが今まで気づかなかっただけのことではないのだろうか？　こうしたことは巷《ちまた》によくあり、特に珍しいことではない。陸上動物でありながら、イリオモテヤマネコやヤンバルクイナだって人々にその存在が永らく見すごされてきた。魚類ではムギツク（コイ科）がオヤニラミやドンコなどの巣に托《たく》

図2-7-1 **南郷洗堰**
現在は一部が遺跡として残されている

図2-7-2 **瀬田川洗堰**（現在）

図2-8 天ヶ瀬ダム

図2-9 瀬田川護岸の改修工事
護岸のコンクリート化は魚類の繁殖場、成育場を消失させる

卵《らん》することだって、私たちがこれまでただ知らなかっただけのことである。なお、次いでながら魚類の托卵の歴史は、魚類が最初の脊椎《せきつい》動物であることを考えれば、よく知られているカッコウやホトトギスなどといった鳥類における托卵の歴史よりもはるか太古の昔にさかのぼるに違いない。

野生動物は私たち人間が現れるはるか以前から移動・分散を行い、条件の適合した場所にすみつき、そして営々と繁殖活動をやってきたのである。

我々はまだまだ自然のこと、生き物のことを知ってはいないのである。

3 ナマズは夜行性

さて、話をもどそう。ナマズの仲間は、日中は物陰や光の届かない深みにすんでいて、夜間に活発に動き回るという習性をもっている。ビワコオオナマズの場合もご多分にもれず夜行性で、真夜中に産卵し、夜明けとともに深みへと去っていく。それゆえに、もし夜明けに産卵場を見る人があっても、多くの場合、そこはもはやもぬけの空《から》なのである。私が観察していた産卵場は、民家がすぐそばにあった。しかし、護岸が改修される前までは、岸辺が雑木で鬱蒼《うっそう》と覆われていたために、人目にはつきにくい所であった。したがって、たとえ真夜中にその近くを通りかかる人があって、産卵時の水音を聞いたとしても、それがオオナマズのものだとは気づかなかったであろう。同様に、淀川の産卵場についても、そこは民家から遠く離れたところにあり、増水時の真夜中にわざわざ川岸を探し歩く紀平さん親子のような好奇心にみちた観察者がいなければ、未だに発見されてはいなかったに違いない。

ともあれ、大津市街というごく身近な場所で、1m余りもあるこのナマズの産卵を目の当りにし、私のからだの中を強力な電気がビリビリと走った。こんなことがかつてあっただろうか？　それは、岡山の用水路で可憐《かれん》なスイゲンゼニタナゴ（コイ科タナゴ亜科）をはじめて見たときの感動でもないし、30年以上前に福岡市周辺で今は絶滅寸前となったヒナモロコ（コイ科）を初めて繁殖させた時の喜びでもなかった。オオナマズとの出会いは、私にとってそれほど衝撃的であった。オオナマズの産卵は、自分の中に長いこと眠っていた、それまで経験したことのない〝生命の躍動〟そのものだったのだ。

オオナマズの産卵場は、夜中であれば私の家から車で約15分の距離にあった。私がこの〝ナマズウイルス〟に初めて感染したのは、１９８９年5月11日のこと。その日は真夜中に観察をはじめ、気がついたときにはすでに太陽が昇っていた。その日はそのまま仕事に出勤して日常業務をこなしたが、興奮で眠気など吹っ飛んでいた。

以後、それから6年間にわたってビワコオオナマズが産卵する時期になると、夜な夜な産卵場へと出勤する日々を送ることになった。そうなろうとは、当初夢にだに思わなかったことである。以後、幾度となくオオナマズの産卵場で夜を明かすことになった。さすがに午後になると眠くなることもあった。でも、私には楽しさのほうが常に勝っていた。オオナマズは、私にとってそれほど強力なウイルスだった。ヒトは感動を求める生き物なのである。研究―実はノゾキなのだが―は楽しいものなのだ。

4 ダムの放水によって起こる魚類の悲劇

魚類の産卵時期に、雨も降らないのにダムが急激に放水し、その後放水をやめると思いもよらぬ惨事を魚類にもたらすことをご存知だろうか。図2-10に見られるビワコオオナマズ、コイ、ゲンゴロウブナなどの死骸《しがい》は、上流にあるダムの放水とそれに続く放水停止が原因で起こった魚類の悲劇をつぶさに示す証拠でもある。

このことをはじめて実証的に明らかにしたのは、淀川の河川敷《かせんじき》（砂州《さす》）で1998〜2001年に魚類の調査を行った枚方市在住の紀平大二郎さんである。ここでは、彼の調査結果を参照しつつ、なぜこうした悲劇が起きるのかを簡単に紹介しておきたい。

我が国にすむ淡水魚のうち、春から夏に産卵するコイ、フナ類、ナマズ類などは降雨で河川・湖沼の水位が上昇すると岸辺へ群れで押し寄せ、岸辺の浅瀬や増水によって一時的に形成された水たまり（「一時的水域」と呼ばれている）―こうした場所は、雨が止んだ後は必然的に干上がる―などで産卵し、産卵後は元の水域へともどっていくという習性がある。こうした習性は、彼らが数十万年、時には数百、数千万年という地史的時間の中で獲得してきたものであり、彼らの遺伝子（DNA：デオキシリボ核酸）に深く刻み込まれている。一般に遺伝子に刻まれた形質（ここでは習性）は、急激な変化には対応できないと考えられている。

そこで話を元にもどして考えてみよう。ダムの放水は河川の下流に増水をもたらす。すると、―人工物たるダムの存在が遺伝子に組み込まれていない―魚たちは、それが産卵期であれば、その増水を降雨による増水と誤って受け取り、産卵せんと岸辺の浅瀬や一時的水域へと大挙してやってくる。ここまでは何ら問題は起きない。

問題は、ダムによる増水はダム管理者の判断によってその放水口が一気に閉じられ、河川下流部では減水（水位低下）が急激に起こることにある。つまり、魚類は降雨後の河川の水位低下——それは自然界ではきわめて緩《ゆる》やかに起こる——に合わせて繁殖行動を行っているため、そうした急激な水位低下には対応できないのである。

そのため産卵中、あるいは産卵直後の親魚が産卵場に取り残され、図2−10にみられるような悲劇が起きるのである。

図2-10 天ヶ瀬ダムの放水停止後、河川の水位が急減に低下することによって産卵場に取り残されて死亡した魚
手前にビワコオオナマズやコイの死骸がみられる（撮影：紀平大二郎）

5 真夜中の大産卵

琵琶湖は、琵琶湖大橋を境に北の湖(北湖)と南の湖(南湖)に分かれる。北湖は水量273億t、平均水深41m、それに対して南湖は水量2億t、平均水深4mにすぎない。琵琶湖の本体は、いうまでもなく北湖なのである。

北湖で永らく漁を営まれていた故松岡正一《まつおかまさかず》さんによると、漁師仲間では、古くから「ナマズが来ないと梅雨はあがらん」との言い伝えがあるという。ナマズとは、もちろんビワコオオナマズのこと。この言い伝えは、オオナマズの産卵は梅雨が終わりを告げようとする最後の大雨後に決まって起こることを意味している。言い換えれば、ふだんは湖内で一匹狼よろしく単独生活をおくっているオオナマズが、梅雨のあがりを告げる大雨後の深夜に子孫を残す儀式に参加するために、あちこちから馳《は》せ参《さん》じ、大産卵をくりひろげるさまを示している。

私が観察したビワコオオナマズの産卵場は琵琶湖の南の方にあった。その産卵場でも前日に琵琶湖の水位が一気に20cmも30cmも上昇するような大雨があった日の翌日、夜の10時をまわるころからオオナマズが集まりはじめ、一部の気の早いものはぼちぼち産卵をはじめた。深夜0時をまわるころには、オオナマズの数は50尾以上にもなり、産卵も最高潮に達する(図2-11)。こんな大規模な産卵の場合、そのまま明け方まで続行されるのがふつうであった。時に、空が白みだし、太陽が山から顔をのぞかせる直前になると、さすがのオオナマズも焦《あせ》るのであろうか？　あたりで一斉に、ところかまわず産卵が行われた。そこらじゅうオオナマズ、オオナマ

図2-11 真夜中に岩場に集まって産卵するビワコオオナマズの群れ

図2-12 産み遅れたものは夜が明けても産卵する

ズ……。そんな中、一人たたずんでいると生命の営みの不可思議さを体いっぱいに浴びて、えもいわれぬ気分になったものだ。明け方の岸辺にぼぉーと立っている私を見る人がいたとしても、その人にはおそらく私が夢心地でいようなどとは想像だにしえなかったであろう。オオナマズ同様、私も幸福の絶頂にあったのだ。

ところで、オオナマズの中には、遅くからやってきたものもいて、まだ卵を産めずにお腹の大きいメスもいる。こうしたメスは、あたりが完全に明るくなってからも、卵をすべて出し終えるまで産卵場にとどまっている。どうやら、彼女たち、あるいは彼らは次に雨が降るまで待てないようなのである（図2-12）。

6 何度もあった産卵

前節で述べたように、ビワコオオナマズの産卵観察によって新しい事実が明らかになった。すなわち、これまではビワコオオナマズの産卵は年に何回も起こらないとされていた。しかし、私の調査では、その規模に大小の差こそあったが、産卵期間を通して何度も起こっていたのであった。

図2－13に1992年と1993年におけるビワコオオナマズの産卵活動と水温の関係を示した。この図からもわかるように1992年には4回、1993年には6回の産卵活動が観察されたのである。しかもその産卵期は、5月中旬〜7月下旬であった。オオナマズの産卵の開始は従来言われていた琵琶湖の北におけるそれ（6月下旬〜7月）よりもずいぶん早くから始まっていたのである。

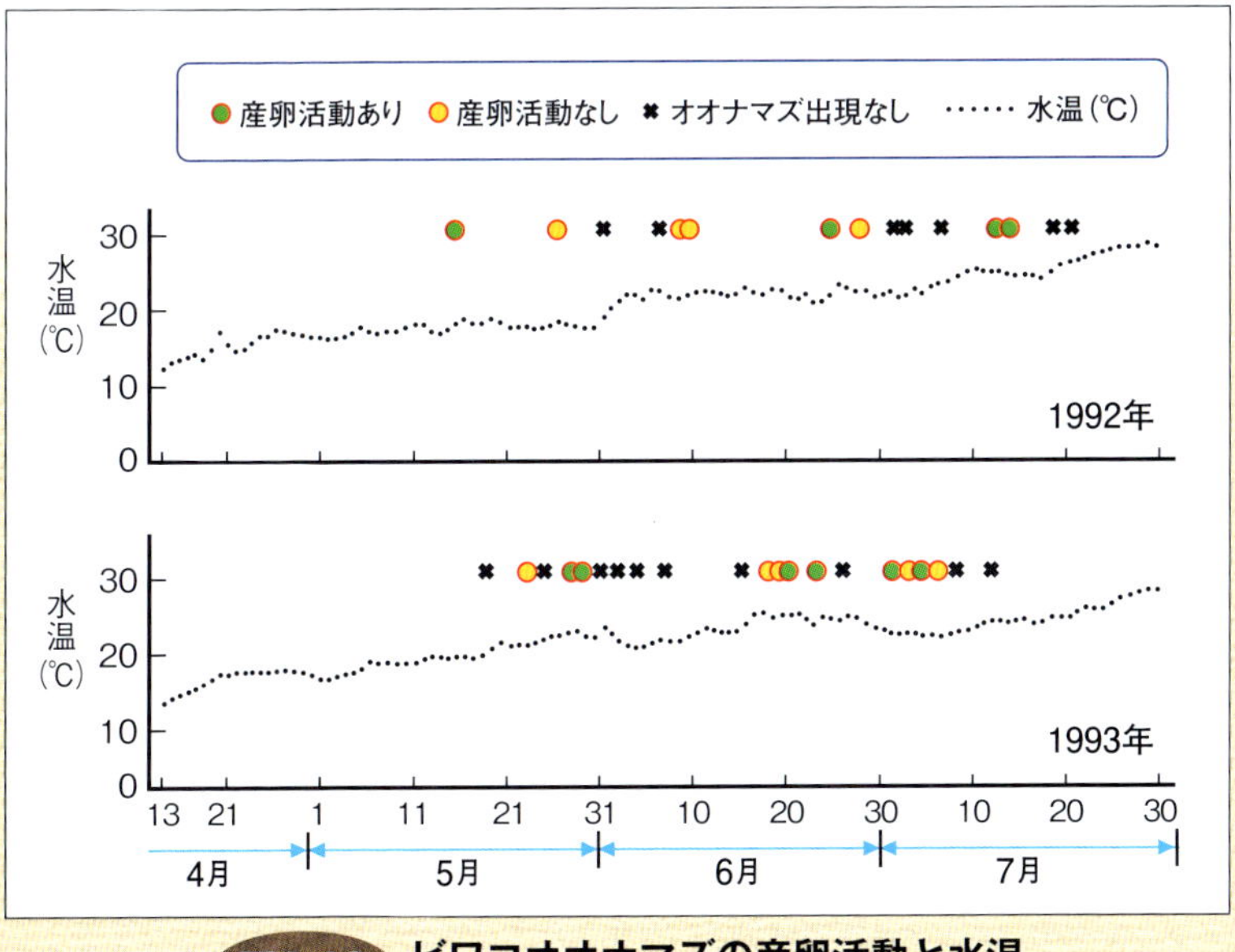

図2-13 ビワコオオナマズの産卵活動と水温
（1992年と1993年の例を示す）

私はオオナマズの産卵が、南の方が北よりも早くから開始されるのは、水温差、つまり南の方が北よりも早くから水温が上昇するためであろうと推測した。実際、琵琶湖は北と南では気候が大きく違い、琵琶湖大橋より北はどちらかと言えば日本海側気候を呈し、それより南では太平洋岸気候を示す。琵琶湖はそれほど大きい湖なのだ。

そこで、実際に琵琶湖の定期観測データを取り寄せて、5月上旬の水温を北と南で比較してみた。果たして、その結果は私の予想どおりであった。つまり、年によって若干の違いはあるものの南湖の表層水温は北湖のそれよりも常に1～3℃高くなっていたのである。私の調査場所で、産卵が早く始まった理由はこれで説明がついた。しかし、産卵回数の問題は依然として未解決であった。これも産卵期間と同様に、調査場所の違いを反映したものだろうか？　北のオオナマズ個体群と南のオオナマズの個体群が遺伝的にまったく違った集団であったとしたら、そうした事態も考えられないわけではない。

私がビワコオオナマズの産卵を開始して間もなく当時京都大学の大学院生であった高井則之《たかいのりゆき》さんが、超音波バイオテレメトリーによる標識個体の追跡と炭素・窒素安定同位体比を調査して、ビワコオオナマズの局所個体群の判別を試みた。その結果、南湖の個体群と北湖北部のそれとでは遺伝的な交流がきわめて少ないとのことであった。したがって、産卵回数の問題は、調査場所、引いては遺伝的な分化を反映しているものかもしれない。しかし、その考えはいかにも突飛と言わざるをえない。なぜなら、十分に長い年月の尺度で見たとき、両者に遺伝的に交流がないとは言いにくいからである。

さて、ここで思い起こせば、ビワコオオナマズの産卵は年に1、2回というのは北の漁師さんの話にもとづいている。したがって、北湖の産卵場でも産卵期間を通じて、私の産卵場の場合と同じように小規模な産卵が、人びとが気づかないうちに行われていると考えた方が合理的ではなかろうか。湖北地域でのオオナマズの産卵は何回か行われているのだが、それらが小規模なゆえに漁師さんの目にとまっていないだけなのではなかろうか？　現在のところ、私はそのように考えている。

北湖の産卵場でも小規模な産卵が起こっているか否《いな》かについては、私も一度調査したいと思っているが、まだ実現できないでいる。ただし、大規模な産卵となると、やはり漁師さんの観察が正しく、私の観察場所でも大産卵はそう何度も起こってはいなかったのである。私の琵琶湖の南方の観察場所でも、年によっては、だらだらと行われ、産卵にピークらしきものが見られなかったこともある。それは、決まって大雨のなかった年、湖北の漁師さんの言葉を借りれば「大きな水がなかった年」である。ビワコオオナマズに関しては、調べるべきことがまだまだ山のように残されているのである。

7 規則正しいビワコオオナマズの産卵行動

私の観察場所では、ビワコオオナマズは大雨後の増水で冠水した岩場で産卵した。時には水深10～15cmというごく浅い場所で体を空中に露出させながら産卵することもしばしば観察された(図2-14)。観察者である私が石のように動かなければ、鋭い感覚器官をもっているさすがのオオナマズであっても、私が目と鼻の先にいるとはわからないのだろうか？ オオナマズの大産卵があった日には、私はしばしば産卵場である岩場の浅瀬に不動の姿勢で立っていた。オオナマズの産卵行動を写真におさめるためであり、また、感動を再び味わうためでもあった。

観察当初のことだが、私はすぐそばで一心不乱に産卵しているオオナマズのペアにちょっかいを出しもした。夢中になっている彼と彼女の邪魔をすることは悪いことだくらいの常識は、持っているつもりだった私も、自己主張をしたくなっていたのであろうか？ 読者のみなさんにも、自分の意志とは無関係に、思わず手が出てし

図2-14 岸辺の浅瀬で水面から体を出して産卵するビワコオオナマズ

まったとか、思わず口出ししてしまった、などという失敗談がないだろうか？　私のちょっかいは、そういうたぐいのものである。そんなとき、ペアは、それこそびっくり仰天してしまって、あたり一帯におおきな水しぶきをあげて沖合へと泳ぎ去ったのである。と、同時にあたりにいた他のオオナマズたちもみんな一斉に泳ぎ去り、そこには静寂が残るのみだった。そんなとき、私は決まって「ごめんなさい！」と心の中で叫んでいた。私は謝らなければならないことを、ついやってしまう、まことに困った生き物である。以後、しばらくはオオナマズが浅瀬にやってこないため、反省することしばしばであった。

ナマズの体に触れることができるのは、この魚がある一定の産卵様式をもち、接近する外敵に対して無防備になる時間帯があるからである。その時間帯とは、雌に雄が巻きついているときで、21〜46秒（平均33・4±5・8秒）と琵琶湖産の他2種、ナマズやイワトコナマズに比べてかなり長い（図2−15、表2−1）。いかに私が石と化していようとも、ナマズの体に触れようとすれば、自分自身の体を動かさなければならないし、ナマズとの間が1m程度も離れていれば、水の中を一歩足を踏み出さなければならない。無節操《むせっそう》にそんなに何回もナマズの体に触ったわけではないが、私は一度だって体に触れるのに失敗したことはない。私が特殊な術を心得ているからだろうか？　いや、何のことはない、ナマズが外敵の接近に気づかぬほど産卵に熱中しているからにすぎない。産卵場と産卵するであろう夜さえ知っていれば、誰でもオオナマズの体に触れることは可能なのだ。

話を前に進めよう。ビワコオオナマズは、深みであろうと、浅瀬であろうと、かなり几帳《きちょう》

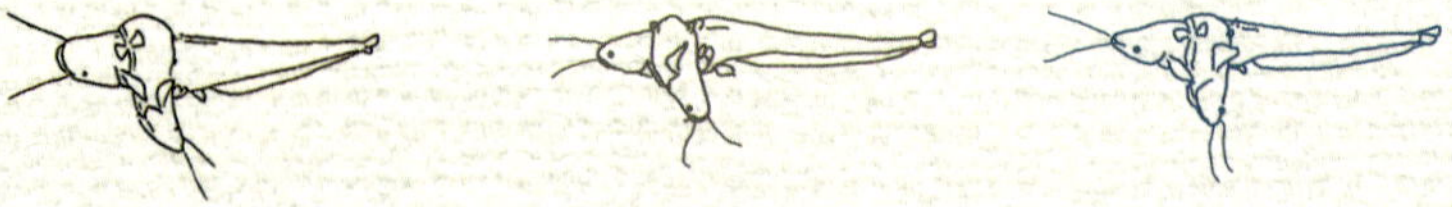

図2-15　琵琶湖産ナマズ類3種の巻きつき時間の比較

ビワコオオナマズの巻きつき時間は他２種よりも８～11秒長い。

行動の区分		継続時間／回数	観察例数
巻きつき継続時間		21～46（33.4±5.8）秒	41
締めつけ行動の回数		0～21（4.6±5.8）	51
巻きつき中のメスの回転遊泳の回数		0～2.5（0.6±0.6）	56
雌雄が分離した後の雌の旋回遊泳数		0～3.0（1.3±0.6）	58
旋回遊泳の向き	（右）	51.9%	27
	（左）	48.1%	25
オスによる雌の体の巻きつき部位	（胴部）	88.3%	53
	（喉部）	11.7%	7
	（頭部）	0%	0

表2-1　ビワコオオナマズの産卵行動における各行動段階の詳細

面《めん》に一定の産卵行動を行う。その几帳面さと言ったら、まったくと言っていいほどに例外がない。産卵行動は、一般的には次のようである（図2−16、図2−17）。

まず、お腹の大きなメスを多くの場合それより小型のオスが、後方から追いかけてくる（図2−16a、図2−17①）。

やがてメスが立ち止まると、オスがただちにメスの頭部下方に円を描くように潜り込み、メスの尾びれ方向へと回り込む（図2−16b、図2−17②）。と同時に、オスは尾柄部を小刻みにふるわせながらそれを折り曲げ、メスの頭部にからみつかせる（図2−16c）。

そして、オスはからみつかせた尾柄部をそのままメスの胴部へと滑らせるように移動させ（図2−16d）、やがてメスの胴部にしっかりと巻きつく。からみついた雌雄はその場で20〜30秒間静止する（図2−16e、図2−17③）。実際ナマズに近づき、体にさわることができるのはこの時なのである。

やがて、からみつかれたメスは頭部をゆっくりと左右に振り動かす。この時オスは数回の締め付け動作を行う。そしてメスはその場で胴部を中心に水平方向に回転しながら、背中を一気に持ち上げる（図2−16f、図2−17④、⑤）。この動作によって、オスはメスの体からひき放される。この時大量の卵がメスから放出される。オスの放出する精液は肉眼で認めることできない。

分離したメスは、ただちにその場で1〜2回の旋回遊泳を始め、オスもメスにつき従う形でいっしょに回る（図2−16g−h、図2−17⑥）。産卵場所がひどく浅い場合には、メスは放卵後のこの行動のためにしばしばその巨体を岩の上に乗り上げてしまうこともある。この遊泳行動は、

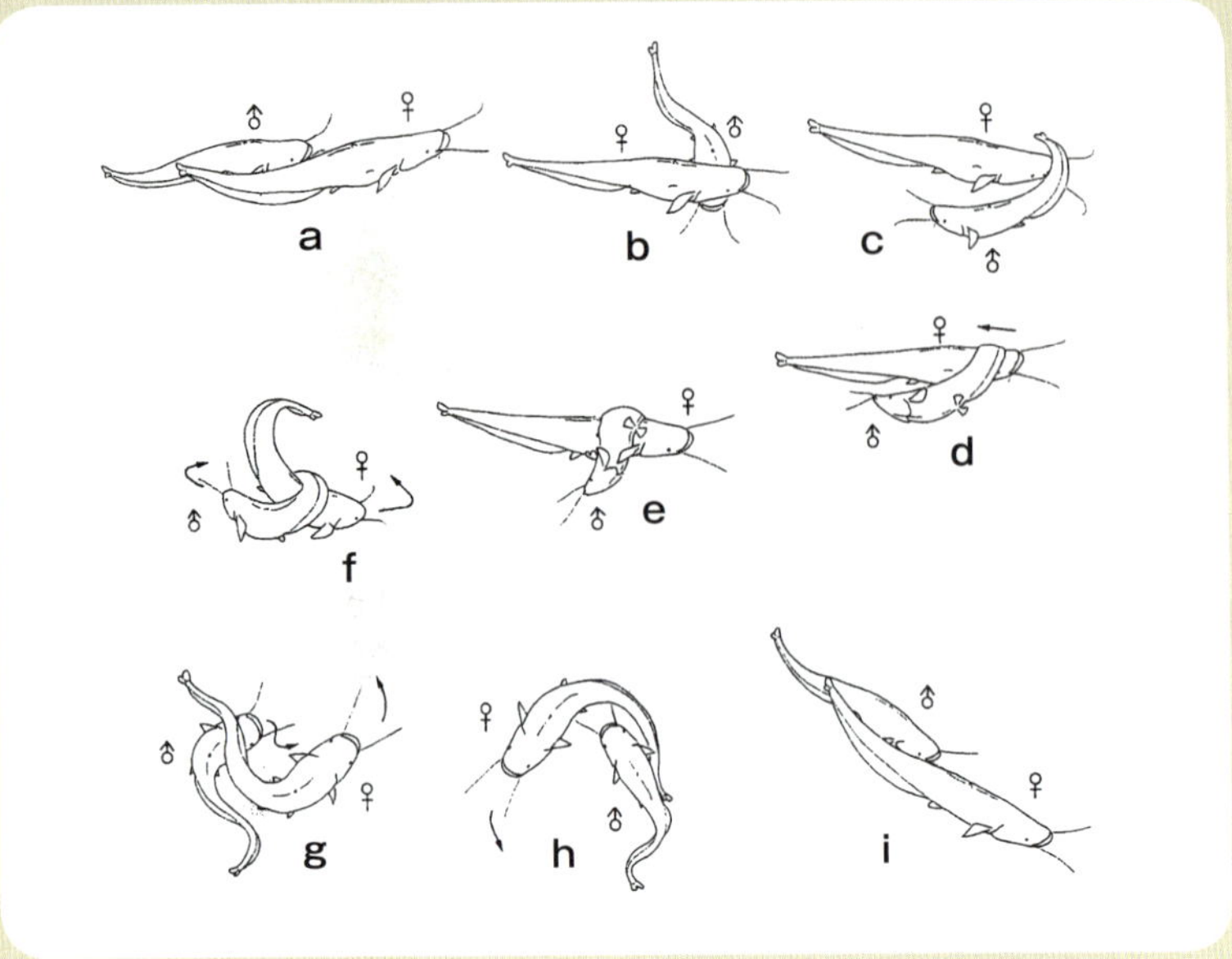

図2-16 **ビワコオオナマズの産卵行動**（前畑原図）

メスは自分自身の背中を一気に持ち上げる。この動きによって、オスはメスの体から離され、この時、メスから大量の卵が放出される

雌雄は、その場で円を描くように２回泳ぎ回る。この遊泳によって、卵があたり一面にばらまかれる

産卵場に現れたペア。大きい方（左）がメスで、小さいのがオス。オスの体はやや黄色みをおびる。産卵の主導権は、メスがにぎっている

メスが立ち止まるや否やオスがメスの前方に進みでて、自分の尾柄部でメスの頭部を包み込む

オスは、そのままメスの胴部まで自分の体をすべらせるように動かし、メスの体にまきつく

雌雄はしばらくじっとしているが、やがてメスは頭部を左右に揺り動かし、その場で円を描くように泳ぎ始める

図2-17 ビワコオオナマズの産卵行動

産み出されたばかりの卵を分散させるうえで、効果があるものと考えられる。

こうして1回の産卵動作を終えるのである。卵が産み出されるのは、雌雄が分離する瞬間であるが、中にはオスがメスの体から離れる前に思わず漏らしてしまうメスもいる。

以上のような一連の行動によってはじめて卵が産み出される。雌雄の行動が途中で中断した場合には、決して卵が放出されることはなかった。また、産卵行動の中断は、例外なくメスが身をかわすことによって起こった。つまり、産卵のイニシアチブは、メスがにぎっているのである。また、1尾のメスに複数のオスが巻きついた例もまったく観察されなかった。観察の中で、すでに巻きついているペアに対して、後からやってきたもう1尾のオスがメスの頭部から巻きつきを試みた例が1例観察された。しかし、この場合にも、ペアの巻きつきが解消し、結局産卵は行われずじまいであった。

ところで、九州大学の小早川みどりさんによると、北湖の産卵場ではメスが白い腹を上に向けてゆらゆらと泳ぐ行動が観察されたという。私は6年間にわたって、幾度となくオオナマズの産卵を観察したが、私の観察した南部の産卵場では、そうした行動はまったく観察されなかった。こうした違いは、どこから来るのであろうか？　その可能性として、次の2つのことが考えられよう。ひとつは産卵場の物理的環境の違いであり、いまひとつは先ほども触れたが、両者の遺伝的な分化を反映したものではないかということである。いまだ解明されていないことなのである。

ところで、ビワコオオナマズはいつのころからこんなにも厳格で、規則ただしい産卵行動をとるようになったのだろうか？　知る由《よし》もないが、彼らがこうした産卵行動をとるようになって、気が遠くなるほどの歳月が流れていることであろう。

現在では行われていないが、北湖の産卵場では、昭和50年代までは産卵に接岸したオオナマズを大きなヤス（図2-18）で突いて捕る遊びがあったという。捕ったナマズは一部が食用にされていたという。また、湖北地方では今でも食べることがあるようだ（コラム4　65頁参照）。食用に捕るのであれば、私はそれを一方的に悪いことだとは言わない。ただ、突いて遊ぶだけであるなら、それは資源量の多かった往事ならいざ知らず、オオナマズの個体数が減っている今日ではゆゆしき事態といえる。

多くの方にオオナマズの産卵現場を見ていただき、私と同じような感動を味わっていただけたら、すばらしいと思う。残念なことだが、オオナマズに限らず、私は他人にむやみやたらと魚の産卵場をお教えしないことにしている。一部ではあるが、必ず心ない人がいるからだ。そんな人がいなくなる時代がやってくることを、願ってやまない。

図2-18　ビワコオオナマズを突く大型のヤス
魚突部（穂先）の長さ約15㎝、穂幅13.4㎝。
２ｍほどの竹竿をつけて使用する（写真　LBM）

コラム2 雨が嫌い！ビワコオオナマズは静かな夜半に産卵する

ビワコオオナマズの産卵活動を6年間観察していて、妙なことに気がついた。ビワコオオナマズは産卵場付近においてほとんど風が吹かず、決まって静かな夜に産卵し、雨が降っている夜にはめったに産卵しないのである（図2−19）。実際、調べてみると6年間でビワコオオナマズの産卵が観察できたのはのべ94回（94夜）で、その時雨が降っていたのはただの1回であった。その1回も観察の初めには雨がふっておらず、途中で降り出したものだ。

オオナマズは、どうして雨が降っているときには産卵しないのだろうか？ 検証するのはかなり難しいが、それは次のような理由によるものではなかろうか。

すなわち、雨が降らない静かな夜は物音がよく響き渡る。そんな夜、聞こえる音と言えば彼ら自身が産卵活動にともなって水をかき回す音だけである。彼らは、静かな夜に産卵することで、彼ら自身が出す水音以外の音を聞き分けようとしているのではなかろうか。その音とは、おそらくは外敵の出す音であろうと考えられる。

実際、私が彼らの産卵活動を撮影するために、岸辺でしばしの間、じっと死んだ振りをしなければならなかったことからも、この推論は当たらずといえども遠からずといえよう。

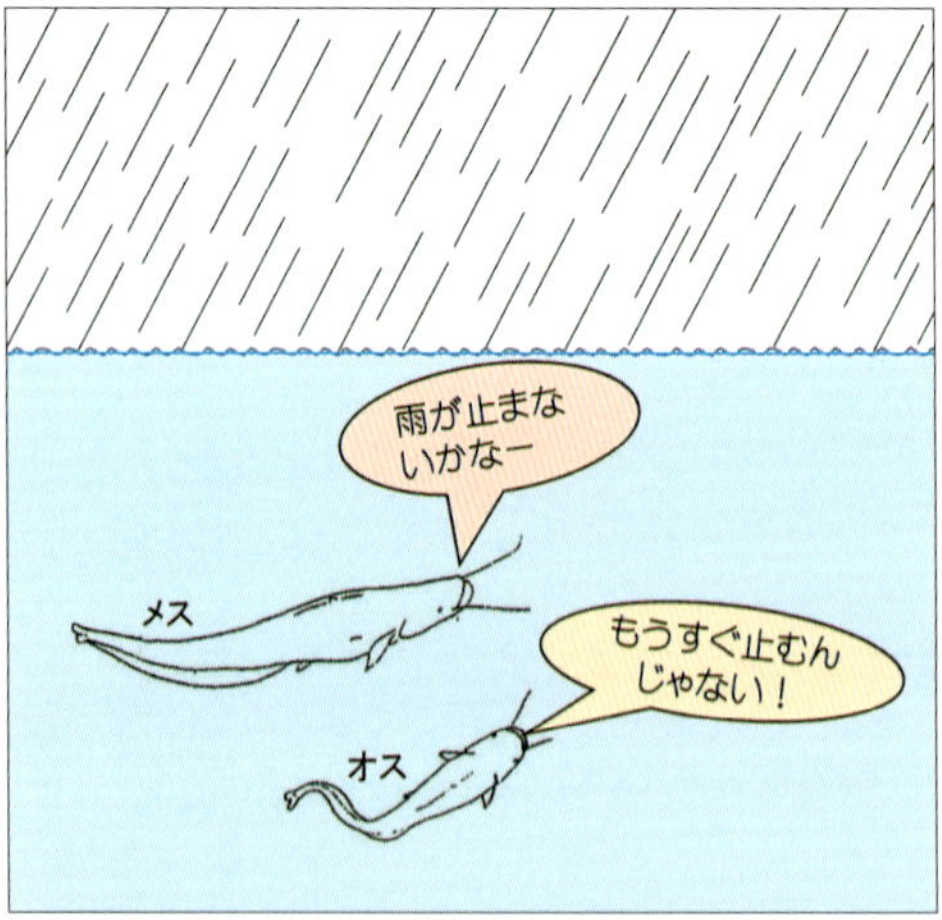

図2-19 産卵場の近くで雨が止むのを待つビワコオオナマズのペア

コラム3 おまわりさんもノゾキが大好き！

ビワコオオナマズの大産卵があった夜には、私は真夜中からしばしば太陽が昇る翌朝まで、夜行性の動物と化し、懐中電灯を片手に岸辺をうろうろしていた。観察を続けていた6年間には、良きにつけ悪《あ》しきにつけ、実にいろいろなことがあった。

付近の住民の方が通報したのであろうか。パトカーが赤いシグナルをチカチカさせながら近づいてきたと思ったら、3～4人の警察官がそこから降りてきて、私を取り囲み職務質問をすることもあった。

「こんなところで何をしているんですか？」

そら、来た……と私は心の中で邪魔者がきたなと思った。読者の中にも、釣りをしている時などに通りがかりの人に「何が釣れますか？」などと入れ替わり、立ち替わり質問され、うんざりした経験をお持ちの方がきっとおられることでしょう。オジャマ虫はどこにでもいるものだ。私は決まってこう答えた。「夜行性の動物を見ているんですよ。出てくるかもわからないから……」と、わざと違う方向にライトを照らすなどして、うそぶくのであった。オオナマズの産卵場を誰にも知られたくなかったからである。私のせいで、オオナマズに迷惑をかけるような羽目になったら、彼らに申し訳ないではないか。私が琵琶湖文化館の職員、つまり、私の仕事が水族館屋であること―私は1996年3月までは同館に属していた―を知った時点で、大概の警察官は納得し、さらに問いかけるようなことはなかった。私の策略はまんまと成功し、「ご苦労さんです」などと言って、彼らは立ち去るのが常であった。

しかし、中にはさらに「教えてくださいよー」としつこく迫る方もいた。私にとっては厄介者でしかないが、こうゆう疑い深い人を、警官の鑑《かがみ》というのだろう。これがヒトの多様性？…などと考えながら、私もちゃんとそんな時のための準備を怠《おこた》ってはいなかった。車からおもむろに8ミリビデオを取り出し、他の夜にとった鳥か何かの映像を見せるのであった。当時、私の使っていたビデオは、一人ひとりがそれを手に持って目をあてなければ見ることができないものだったので、彼らは代わるがわるそれを見ては、うんうんとうなずいて納得するのであった（おまわりさん、ごめんなさい！）。みんな、そんなビデオを見るのが大好きなのだ。

そんなことが、2、3回も続くと、彼らとは顔見知りになり、以後はパトカーも徐々に来なくなった。最後まで私はシラを切り通したのだった。

第3章

大変です！ ビワコオオナマズ

1 かつて琵琶湖で大量に獲れたビワコオオナマズ

ビワコオオナマズは産卵期に湖岸に多数集まることが知られているが、普段は単独生活を送っている。しかし、時には産卵期以外の時期に大きな群れをつくることもあるらしい。

大津市堅田《かたた》の漁師・木戸定治《ていじ》さんが北湖でホンモロコを獲るための沖曳網《ちゅうびきあみ》漁を行っていたところ、大量のビワコオオナマズが漁獲されたのである。図3−1は、当時琵琶湖文化館の地下にあるプールに収容された、それらビワコオオナマズの一部である。

以下にその詳細を紹介したい。

それは私が滋賀県立琵琶湖文化館に勤務していた1983年当時のことであった。当時、私たちはビワコオオナマズが捕れたら連絡を

図3-1 地下のプールに収容されたビワコオオナマズ
（1983年　滋賀県立琵琶湖文化館において）

入れてほしい旨、堅田漁業協同組合（大津市）の方に依頼していたこともあって、同組合から連絡が入った。クリスマスも迫った12月23日の午後3時頃のことであった。早速、私たちが船で出かけると、同組合の3つある生簀《いけす》（水量約1t）に分散し、個々の水槽の水面が見えないほどに多数のオオナマズが収容されていた。同組合はそれらのオオナマズ全部を引き取ってほしいとのことなので、私たちはそれらを船の生簀に押し込んで館へと運んだのであった。数えてみるとオオナマズの総数は192個体であった。

これらを漁獲した木戸定治さんの話によれば、漁獲地点は高島郡高島町（現、高島市）の沖合約1・3km、水深約20mのところで、そこはモロコ、イサザ、スジエビなどの好漁場であるという（図3−2）。そこでは過去には漁獲対象ではないギギが大量に獲れたこともあるが、ビワコオオナマズがこれほど大量に獲れたのは後にも先にもないことで、堅田漁協始まって以来のことだという。なお、同氏によれば取り上げ時に網がかなり破損したため、漁を中断してそのまま漁港へ引き返したのだという。

漁獲されたビワコオオナマズの大きさは60〜100cm余り。その中で最大の個体は全長114・7cm、体重12・5kgであった。

なぜにビワコオオナマズが1カ所にこんなにも多くの個体が集まっていたのかは今もって不明である。

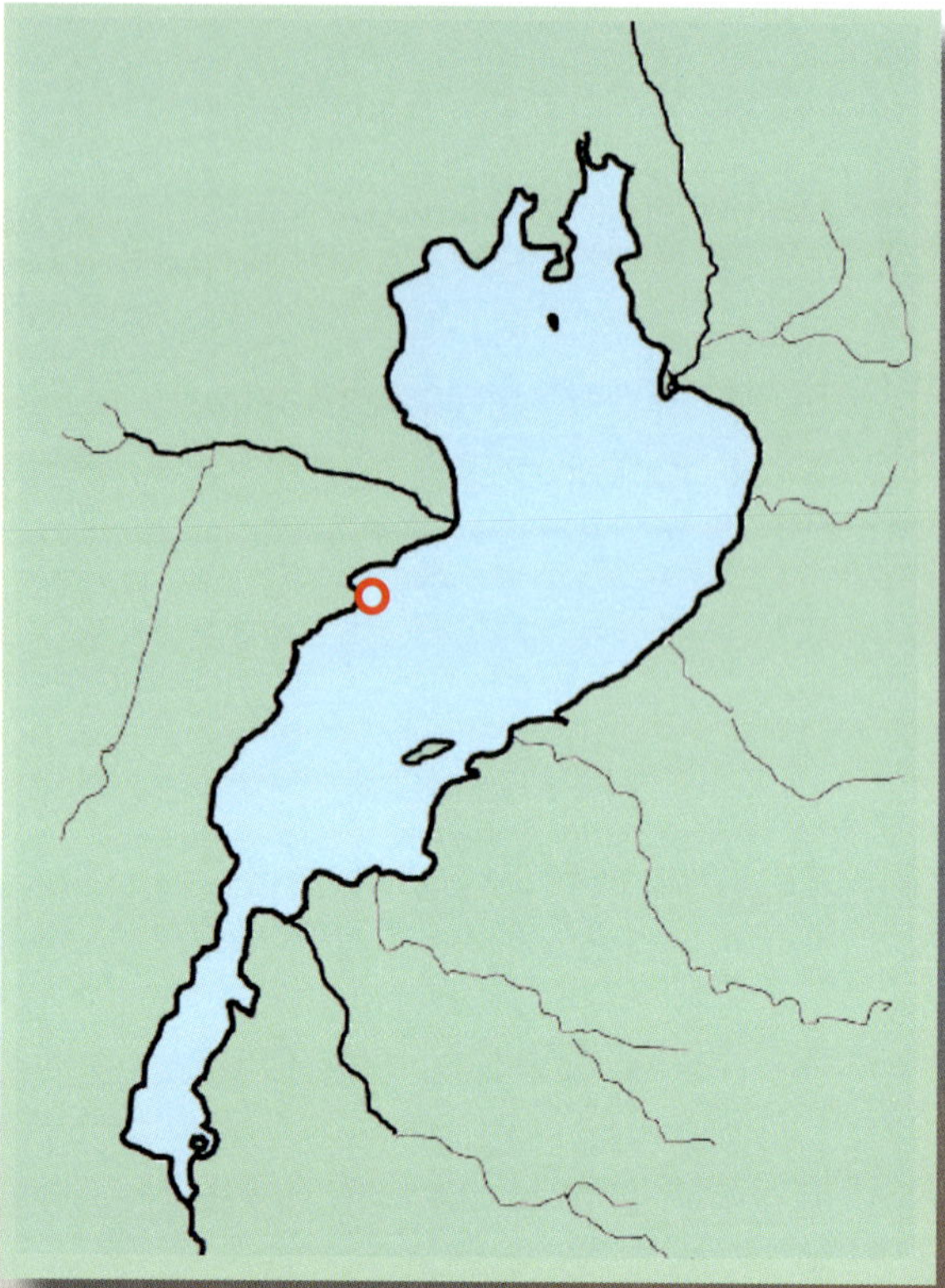

図3-2 ビワコオオナマズが沖曳網によって大量に捕獲された地点（赤○）

2 琵琶湖の水位調節は死活問題

ビワコオオナマズが40、50尾も集まるような大規模な産卵は、しょっちゅうあるわけではない。北湖の漁師仲間で言われる「ナマズが来ないと梅雨はあがらん」という言い伝えは、オオナマズの産卵が梅雨終わりの大雨の時に決まって起こること以外に、オオナマズの大規模な産卵が年に何度もないことも暗に示している。琵琶湖を生業の場としている漁師さんのいうことは、私たちがいまさら調べるまでもなく、たいがい当たっているものだ。私たち研究者というものは、概して生活者がすでに知っていること、すなわち「経験知」とでも言うべきものを、後から追っかけてデータをとり、それを数値でもって実証的に示しているにすぎない。

はたして、私の観察した産卵場でも、漁師さんの「経験知」があてはまるのであろうか？その結果は意外であった。私の調査した産卵場では、確かに大雨があった後に大規模な産卵が起こっていた。しかし、産卵は特に大きな雨がなくても起こっている場合もあったのである。

どうしてだろうか？　正直なところ、私はおおいに困ってしまった。「そんなはずはない」、自問自答した。大規模な産卵は、大雨に連動して起こることを私も体験的に知っていたからである。そこでデータをもう一度調べ直してみた。ところが、やっぱり結果は同じであった。

そこで、何か変わったことはないかと探してみた。その結果、雨が降った後でなくても、瀬田川洗堰のゲートが閉じられ、水位が上昇して岩場が冠水した場合には必ずと言ってよいほどに産卵が行われることが判明した（図3-3）。ただし、産卵は水位が下降した場合であっても岩場が水に浸《つ》かった時には行われることがあった。

そこから導き出された結論はこうである。「ビワコオオナマズの産卵は、大雨があってもなくても、琵琶湖の水位が上がり―岩場が水に浸かり―さえすれば起こる」と。これは、当然のように見えて、実は意外な事実である。もう少し、詳しく述べてみたい。

ビワコオオナマズは、ヒトが湖の水位を調節する以前はおそらく降雨によって起こる水位上昇とともに産卵していたのであろう。琵琶湖の水位が人為的に操作され始めたのは１９０５年に南郷洗堰ができて以降のことである。なお、現在は南郷洗堰があったやや下手側に瀬田川洗堰が設置されている。ともあれ、南郷洗堰の設置以前までは、降雨と水位上昇は連動していたはずである。

ところで、南郷洗堰（図3―4）が設置されるまでは、降雨と水位上昇のどちらがビワコオオナマズの産卵に対してより直接的な影響を与えているのか判然としなかった。しかるに、私の観察結果によって、ビワコオオナマズの産卵は湖水位の上昇がトリガー（引き金）になっていることが明らかになったのである。このような事実が明らかになったのは、たまたま私の観察場所が水位操作の影響をじかに受けにくい北湖ではなかったことが幸いした。

私がこのことを論文にまとめようとしているころ、水位の増減が淡水魚の繁殖に大きく関与している明確な例が、大阪・北野高校の小川力也《りきや》さんによって発表された。彼は、淀川のワンド（図3―5）に生息している国の種指定の天然記念物で、かつ環境庁のレッドリストで絶滅危惧種に指定されている小魚・イタセンパラの生活史を長らく調査していた。イタセンパラは

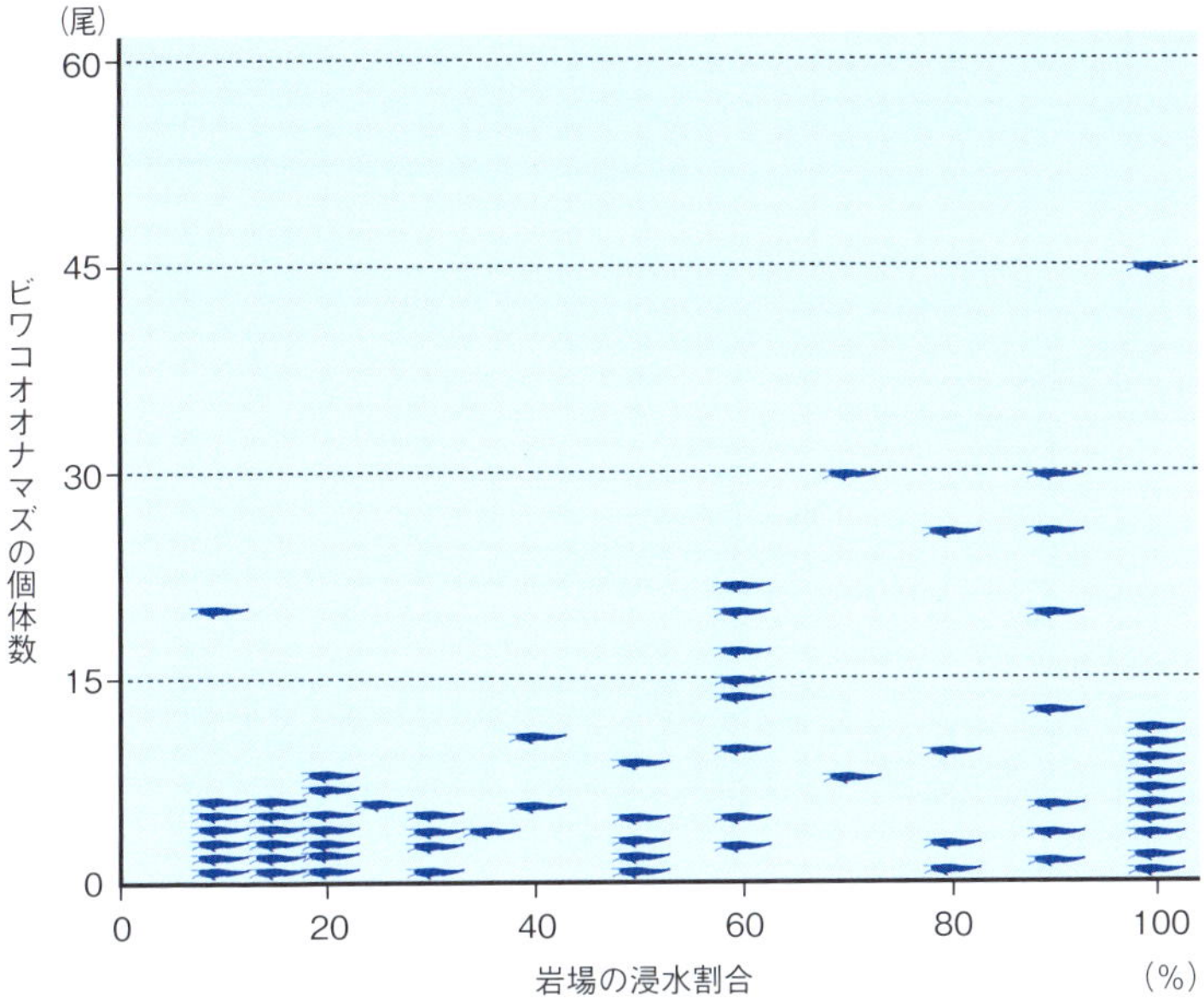

図3-3 一晩に出現したビワコオオナマズの個体数と産卵場の岩場の浸水(冠水)割合(%)の関係

観察例数94（1989～1994年）

図3-4 南郷洗堰

現在は一部が遺跡として残されている

タナゴ類の一種で、この仲間が等しく持ち合わせている習性、つまり生きたイシガイ科の二枚貝の体内に産卵するという風変わりな生態を持っている(図3−6)。私自身も昭和50年代には、淀川のワンドを調査し、この魚の稚魚がたくさん群れで泳いでいるのを観察していた。現在、絶滅危惧種(CR:Critical endangered)とされるくらいだから、この小魚の個体数(資源量)はもともと多くはなかったが、それでも当時は少し探せばいくらでも見つけることができた。

さて、小川さんは、大学を卒業して以来ずっとイタセンパラの生態調査を行ってきたが、その中でこの小魚が冬場の渇水時に干上がるような不安定な環境にたいへんうまく適応した生存戦略をもっていることを明らかにした。

すなわち、イタセンパラ親魚は、産卵期の秋になると冬季に干上がってしまうようなワンドに入り込んでイシガイの体内に産卵し、親魚の多くは死んでしまう。やがて、ワンドの水は干上がってしまうが、二枚貝は本流の水位と同じかそれ以下の深さの底質中に潜り込んでいるため、乾燥することなく冬場の渇水期《かっすい》を乗り切ることができる。一方、二枚貝に産み込まれた卵はどうかといえば、親魚の産卵後しばらくして孵化《ふか》し、そのまま成長を停止して、貝とともに冬場を生きながらえるのである。

そして、春先の増水にともなってワンドに再び水が満ちると成長をはじめ、やがて貝から泳ぎ出るのである。小川さんによれば、ワンドの干上がりは底にあった生物の死骸や排出物を空気に触れさせるため、それらの分解を促進するが、それは、間接的ながら稚魚の餌となるプランクトンの増殖を促す効果があるという。すなわち、イタセンパラは、その稚魚がワンドという格好の餌場を他の魚に先駆けていち早く確保するために冬の間貝の中でじっと待つ、という生き残り戦略を創り上げているというのである。

そのイタセンパラが、近年激減している。彼は、その主たる原因として1983年にワンドの下流部に淀川大堰《おおぜき》（図3-7）ができたことが大きく関係しているという。淀川大堰ができたことによって、淀川の水位の変動幅がなくなり、イタセンパラがそうした水位の人為的変化についていけなくなったというのである。

私や小川さんの調査結果から導きだされることは、水位の増減が、増水時をねらって産卵するコイやゲンゴロウブナなどほかの多くの淡水魚の繁殖（子孫の数）を左右しているだろうということである。

このことは魚類のみに限った話ではない。アサザ（図3-8）という浮葉植物もまた冬季の減水と春期の増水といった自然のサイクルによく適合して生活史を送っている。しかし、最近ではこの増減水のサイクルの逆転、ならびにアサザが活着するためのなだらかな水辺の移行帯（水辺エコトーンとも呼ばれる）の消失によって、この植物が姿を消しつつある。鷲谷《わしたに》いずみさん（中央大学）によれば、現在この可憐な浮葉植物を復活するためにアサザ基金が中心になってかつてのなだらかな水辺を再生したり、霞ヶ浦《かすみがうら》周辺（茨城県南東部）の小学校でアサザを栽培するなどさまざまな保全活動を行っているという。

ともあれ、日本の河川・湖沼、および水辺にすむ生き物はどんな生き物であれ、多かれ少なかれこうした水位の増減（攪乱《かくらん》）に合わせて個々の生活サイクルを送っており、攪乱が起きるに

図3-5 **淀川・城北付近のワンド群**

（本流の下流側に向かって左手にある10個余りの区切られた水域）
ワンドは本流にすむ多くの魚類の繁殖場として重要な役割を果たしている（国土交通省淀川河川事務所 提供）

図3-6 **イタセンパラ**
雄（左　写真：LBM）**と未成魚**（右）
絶滅危惧種（環境省）、国指定の天然記念物である

図3-7 **淀川大堰**

この大堰建設によってワンドの撹乱は起きなくなってしまった。その結果、河川の撹乱に適応してきた魚類やその他多くの生きものが大きな影響を受けていると考えられる

図3-8 **絶滅の危機にあるアサザ**

夏季に可憐な黄色い花が咲く
(霞ヶ浦にて撮影)

くなった現在では、彼らの多くが絶滅の危機に瀕《ひん》しているという実態がある。

話が長くなってしまったが、ここで話題を琵琶湖とビワコオオナマズにもどそう。私が6年間にわたってビワコオオナマズと湖水位の変化の関係を調べた結果、このナマズの産卵は琵琶湖流域の降水量とはほぼ無関係に、水位の変動とほぼ連動して起こっていたのである。

ここで琵琶湖水位の人為操作は、琵琶湖の魚たちにとって、またその他の多くの生き物にとって、その存続の基盤をゆるがすほどにゆゆしき問題であることを述べておきたい。最近では琵琶湖の水位を管理している国土交通省琵琶湖河川事務所（大津市）では、水位調節の魚への影響を可能なかぎり低減すべく、望ましい数位調節のあり方を長らく議論し、フナ類やコイの大産卵が見られた時にはそれらの卵が孵化するまで水位を保つなど、魚の目線に立ってさまざまな工夫をするようになってきた。とは言え、ホンモロコについては湖水位の上昇とこの魚の産卵が連動していないこともあって未だホンモロコの産着卵の干上がりについて解決するに至っていない。

ヒトが行う琵琶湖の水位調整がビワコオオナマズをはじめ、この湖にすむさまざまな野生動物に大きな影響を与えることが明らかになった以上、私たちは、今後とも生き物とヒトの双方にとって望ましい琵琶湖の水位操作のあり方、つまり両者にとって影響が最小となるような方法を絶えず追及していく必要がある。

コラム4 ビワコオオナマズを食べる！

琵琶湖では永きにわたってさまざまな漁具・漁法が発達し、多くの魚が効率的に、大量に漁獲されてきた。にもかかわらず、ビワコオオナマズのような大型の、数量も少ない魚がどうして絶滅することなく、現在まで生きのびてきたのであろうか。

それは一言で言えば、このナマズがおいしくなかったからであろう。もし、このナマズがおいしかったとしたら、琵琶湖の歴代の漁師さんたちは漁法に工夫を加え、たちまちこのナマズを絶滅へと追い込んでいたに違いない。

私もこのナマズを料理屋さんに頼んで蒲《かば》焼きにして食したことがある。その味は所謂《いわゆる》大味で、食べたあとに何か不快な味わいが口内に広がった。つまり、決して自らが進んで食べたいとは思わせない食味であった。かくして、このナマズが琵琶湖で漁獲対象とならないわけも納得できた。

ところが、湖北の一部地域、菅浦《すがうら》周辺ではこのナマズを時おり食べているようである。あるおりに地元の漁師さんにオオナマズの調理法を訊《たず》ねてみたところ、このナマズは本格的に調理する前にまずぶつ切りにして熱湯で湯がき、切り身に含まれている脂分を取り除くのだという。つまり、この魚の脂がまずいのだという。湯引きの後は、すき焼きや煮つけにするとおいしいという。生活の知恵であろう。当地域では、人びとがこのおいしくないナマズをどうしたらうまく食べられるか、いろいろと試行錯誤し、その結果がこのような調理法を生みだしたのであろう。

振り返ってみれば、フグのように体内に有毒成分（テトロドトキシン）を含む魚でさえ、臓器を除去し、あるいは不法行為と知りつつも有毒な臓器を十分に水洗いして毒を除去して食べることさえあるのだから、ヒトというのはまことしたたかな生き物であるようだ。

ともあれ、今日までこの大きなナマズが絶滅をまぬがれてきたのは、その味のまずさゆえであったことに疑いはなかろう。

第4章　琵琶湖の主　ビワコオオナマズ最大の敵

ところで、みなさんはビワコオオナマズの最大の敵は誰だとお思いだろうか？　鋭い読者のみなさんから、それは「ヒト」との声も聞こえてきそうである。

ヒトは確かに大敵には違いない。すでに述べたように、かつて北湖の産卵場では、産卵に夢中になっているオオナマズを大きなヤスで突いて獲る遊びがあったし、刺網《さしあみ》（小糸網《こいと》）やエリで獲られたオオナマズが港の脇で干からびていることも珍しくなかった。つまり、ビワコオオナマズの肉はおいしくないので、放置されていたのである。また、直接的ではないが、先に述べた湖水位の操作も敵ではあるが、それは取りも直さずヒトの所業である。それではヒト以外のビワコオオナマズの敵は？

1　大規模産卵場の翌日の惨状、犯人は誰だ？

正解は、逆説的ではあるが、オオナマズが普段餌にしている小魚やエビ類なのである。もちろん、これらの魚やエビ類がビワコオオナマズそのものを直接食べたり、体の一部をかじったりするわけではない。琵琶湖で最強の肉食者にも泣き所がある。それは雌の体から産出されたばかりの卵である。

ビワコオオナマズの大規模な産卵があったその朝に、産卵場へと足を踏み入れ、石礫《せきれき》（小さな石）の表面を観察するとおびただしい数の卵が見られる（図4−1）。数百万粒、いや1000万粒を超えるであろうオオナマズの卵が、岩や岸辺に打ちよせられたビニール袋、あるいは付近にいるヒメタニシの殻に至るまで、あたり一帯に付着している。私が産卵場の岩の上を歩くたびに卵がグジュと踏みつぶされる音がする。否、正確に言えば、そんな音がするような気がする。人間の足は何と敏感なのだろうか。直径1㎜ほどの小さな卵を踏んでも、それを長靴ごしに感じ取ることができるのだ。

さて、ビワコオオナマズの大産卵があった次の日に再び産卵場へ出かけて卵を探してみた。ところが、卵を容易に見つけられない。卵は孵化してしまったのだろうか？　いや、抜け殻くらいあってしかるべきである。それにしてもまだ孵化には早すぎる。なぜなら、産卵があった朝、私は孵化のようすを観察しようと数十個の卵を実験室に持ち帰っていた。そしてそれらの卵は孵化までにはまだ時間を要するのを見ていたからだ。水温は実験室の方が野外よりも高かった。したがって、産卵場でオオナマズの卵はまだ孵化していようはずがないのだ。

私は必死で卵を探し求めた。そして、30分ほどかかって、ようやく7〜8個のオオナマズの卵を発見することができた。やはり、卵はまだ孵化してはいなかった。それらの卵は、いずれもひっくり返した岩の裏側にぽつぽつとついていた。あれほど無数にあった卵は、その大部分

図4-1　岩の表面に産みつけられたビワコオオナマズの卵

無防備なため、その大半が他の魚類に食べられてしまう

カネヒラ *Acheilognathus rhombeus*

ヨシノボリ *Rhinogobius* spp.

ヤリタナゴ *Tanakia lanceolata*

アブラボテ *Tanakia limbata*

ビワヒガイ
Sarcocheilichthys variegatus microoculus

シロヒレタビラ
Acheilognathus tabira tabira

オイカワ *Opsariichthys platypus*

図4-2
ビワコオオナマズの卵を食べる魚たち（写真　LBM）

スジエビ *Palaemon paucidens*

（写真　LBM）

テナガエビ *Macrobrachium nipponense*

（撮影：金尾滋史）

アメリカザリガニ *Procambarus clarkii*

（撮影：前畑政善）

図4-3

ビワコオオナマズの卵を食べる甲殻類

ギギ *Tachysurus nudiceps*

コイ *Cyprinus carpio*

ニゴイ *Hemibarbus barbus*

が何者かに食べられてしまっていたのだ。以後、産卵場へやってくる他の生物にも私は目を配るようになった。

卵の外敵はたくさんいた。真夜中には、産卵場の石の間に潜《ひそ》んでいるギギ、ヨシノボリなどの小魚とスジエビ、テナガエビなどの夜行性の小動物が、せっせと石礫の間から顔を出しては卵をむさぼるように食べていた。また、夜があけてからはシロヒレタビラやヤリタナゴ（タナゴ類）、オイカワ、ビワヒガイなどの小魚・中型魚が、あるいはコイやニゴイといった大型魚が産卵場に多数やってきて、せっせと卵を食べているのだった（図4-2、図4-3）。特に、オイカワは空が白み始める頃にどこからともなく10尾余りの集団で現れ、巻きつき中のオオナマズペアを遠巻きにその周囲をぐるぐると回りながら、オオナマズが卵を放出するとわっと寄ってきて、水中を漂っている産出されたばかりの卵を半狂乱になってむさぼり食うのだった（図4-4）。

観察したかぎりでは、卵への食害は夜が明けてからの方が激しかった。とにかく、小魚やエビ類の食べ方と言ったら中途半端ではない。おそらく産みつけられた卵の99・9％以上が、彼らの餌食《えじき》になってしまうようである。野生生物の生活に感情移入することは好ましくはないが、こうした小魚たちは、まるで彼らを将来襲うであろう肉食者の数を、卵の時点で食べてしまうことによってできるだけリスクを抑えようとしているかのようである。

しかしながら、オオナマズにとってはそれがもっけの幸いであることを彼ら小魚たちは知っているのだろうか？　つまり、オオナマズが生んだ数百万粒もの卵が一度に孵化し、卵黄を吸収し終えて、一斉に餌を食べ始めたらどうなるだろうか。あたりの餌は一瞬のうちになくなってしまい、彼らは飢えでたちまち全滅してしまうであろうことは火を見るよりも明らかである。すなわち、小魚たちのそうした試みは、かえってオオナマズの生残率を高めているのだ。そこから浮かび上がってくることは、小魚たちは思いがけないごちそうを、ただむさぼっているにすぎないということだ。

外敵のまったくいない生物などこの地上にはいない。体の大小を問わず、みんな鎬《しのぎ》を削って生き延びている。最強と思われる動物がいたら、その敵は、ウイルスからバクテリア、原生動物など、とびきり小さな生き物から順に個々の生物の生活史全般から考えてみるとよい。思い返して見れば、私たち〝ヒト〟という種の存続をもっとも脅かしているものも、肉眼で見えない極小のウイルスではなかったか？――実はウイルスを所《いわ》謂《ゆる》「生物」と呼ぶのは問題がある。ウイルスは生物が一般的に持っている構造、つまり細胞膜を持っていないため生物と無生物の中間に位置する生き物だからである。

ビワコオオナマズの当面の敵は、彼らの餌でもある小魚であった。まさにパラドックスである。ビワコオオナマズは、小魚やエビ類に自分の卵が食べられることを見越して無数の卵を産んでいるのである。進化の妙と言えよう。

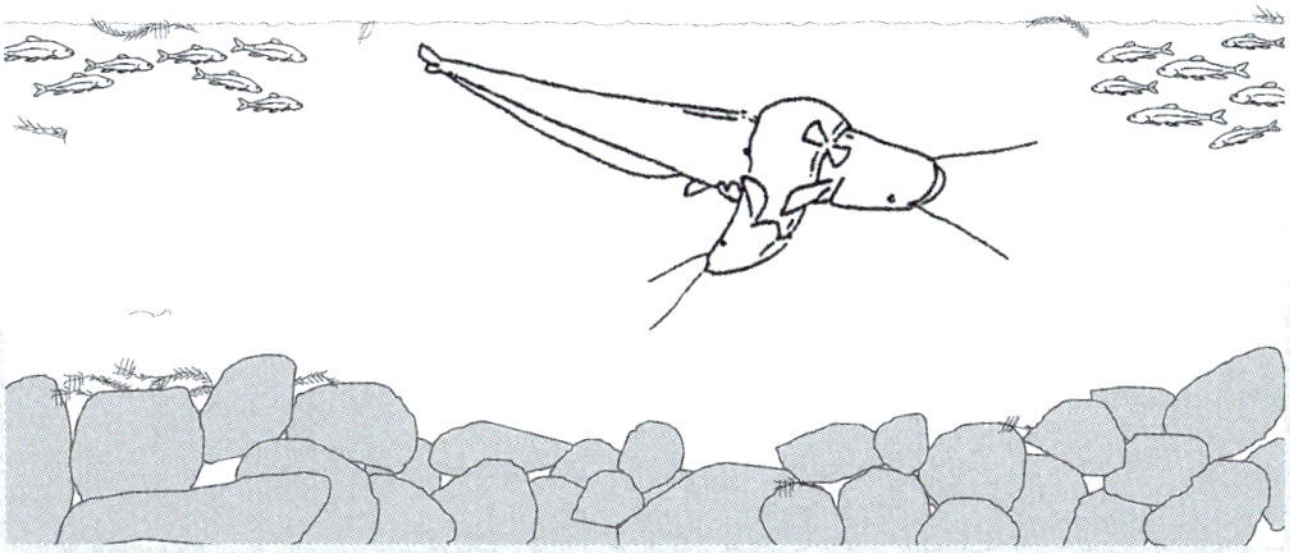

図4-4 卵を狙って産卵行動中のビワコオオナマズのペアを取り囲むオイカワの群れ

2 小魚がいなくなった！

私は、1989年から1994年までの6年間にわたって、ビワコオオナマズの産卵現場を観察してきた。その中で私が「タマゴ喰《ぐ》い」と呼んでいる、オオナマズの卵を喰《く》いに来る魚たちに劇的な変化が見られた。

オオナマズの産卵場において、観察当初には、シロヒレタビラやヤリタナゴなどのボテ（タナゴの仲間）の姿が多数見られたにもかかわらず、1992年ころには彼らの姿がまったく見られなくなってしまったのだ。ボテの中でもイチモンジタナゴ（図4-5）の減少は特に激しく、今では絶滅危惧種（環境省）に指定されるほどに減ってしまった。

これら在来種に代わって現れたのは、北アメリカ原産の外来種であるブルーギルだ（図4-6）。実際、1993年から、オオナマズの産卵場では、おびただしい数のブルーギルと、数は多くはないがオオクチバス（通称 ブラックバス 図4-7）ばかりが目立ち、出現する在来魚はオイカワとニゴイだけになってしまった。もっともオオクチバスは卵を食べるために出現したのではなく、数匹ずつゆっくりと泳いで、餌となる小魚を探しているかのように見えた。もちろん、以前にはあれほどたくさんいたオイカワも数少なくなり、ビワヒガイやギギの姿もまったく見られなくなってしまった。ニゴイは40㎝以上の大型魚がごく少数出現しただけである。かつて、夜明け時に産卵中のオオナマズペアを取り巻いていたのは、在来魚のオイカワであったが、ブルーギルがそれに取って代わってしまったのである。

図4-5
イチモンジタナゴ
Acheilognathus cyanostigma
（写真　LBM）

図4-6
ブルーギル
Lepomis macrochirus
北アメリカ原産（写真　LBM）

図4-7
オオクチバス
Micropterus salmoides
北アメリカ原産（写真　LBM）

実はこのころにはすでに琵琶湖の魚類生態系が大きく変貌《へんぼう》してしまっていたのである。琵琶湖からもともとそこにすんでいた魚（在来魚）が消えてしまったのだ。決しておおげさに言っているわけではない。このことは、将来ビワコオオナマズの存在さえ危うくさせるかも知れない。このことは、琵琶湖の魚類生態系の変化についてもっと知りたい方は、２００３年に著者が魚類自然史研究会の会報『ボテジャコ』第７号に書いた「消えてしまった琵琶湖の魚、その復活は可能か？」を参照されたい。

ともあれ、ここでひとつの疑問。琵琶湖にはオオクチバスと同じく外来魚であり、かつ強肉食魚であるカムルチーが昭和30年代からすみついていた（図4－8）。しかしカムルチーが入ってからずいぶんたっているが、琵琶湖の在来魚が激減するようなことは確認されてはいない。オオクチバスなどは琵琶湖の在来魚に大きな影響を与えたが、一方のカムルチーはなぜ在来魚に対して甚大な影響を与えなかったか。それには生物間の相互作用である「共進化」が関係している。詳しくは別の機会に述べることにし、ここでは問題提起のみにとどめおきたい。

図4-8 **カムルチー** *Channa argus*
東アジア（中国・朝鮮半島）原産（写真　LBM）

3 消えてしまった産卵場

第2章でも述べたように、大津市内にビワコオオナマズの産卵場は2カ所あった。いずれも私とごく少数の友人しか知らないままに、護岸の改修工事等によって産卵場としての機能を失ってしまった。ここでは、産卵場が機能しなくなった過程を簡単に紹介したい。

産卵場のうち、1カ所は琵琶湖の南端部、瀬田川と琵琶湖の境界部で、ずいぶん昔に人為的に造成された岩場である。もう1カ所は、今後復活の可能性もあるので具体的な地名はふせておきたい。ここでは便宜《べんぎ》上、前者をA地点、後者をB地点と呼んでおこう。

A地点は、私がビワコオオナマズの観察を始めた当初の1989年6月3日の深夜に徘徊《はいかい》して見つけた場所である（図4-9）。

私も感じたのだが、もし一般の方が見られたら、おそらく「へぇ～、こんな場所で」と思われるような環境であった。そこは流心部からやや入り組んだ入江で、おのずと水の入れ替わりが悪い場所であった。あたりにはビニール袋やら空き缶などが散乱しており、決して産卵に好適な環境とは思われなかった。しかし、降雨があって、湖の水位が上がるとちゃんとオオナマズが姿を現すのである。湖岸道路のすぐ横に位置していたから、真夜中であろうともすぐそばを車がビュンビュンと行き交っている。ナマズの産卵する水音もしばしばかき消される、そんな場所である。この産卵場はB地点と比べて出現するオオナマズの数は多くはなく、最も多いときでも20個体を超えることはなかった。

ところで、1995〜1996年は琵琶湖博物館のオープンに向けて、私自身がたいへん忙しくなったこと、また私の興味が次第に田んぼのナマズに向けられるようになったこともあって、オオナマズのことはたいへん気にかかっていたのだが、しばしその観察から遠ざかっていた。たしか1997年6月の夜のことであったと思う。もちろん、その前日に大雨があったのでオオナマズが産卵場に出現するはずであった。久方ぶりにA地点の産卵場を訪れて、その変わりように私はしばし愕然《がくぜん》としてしまった。オオナマズが現れるはずであったその場所は、工事用の浮きフェンスで囲いこまれ、土砂が搬入されて埋め立ての真っ最中だったのだ。こうなってしまってはオオナマズが現れようもない。思わず、私は「ごめんなさい！」と心中で叫んでいた。もちろんオオナマズに対してである。うかつにも、その場所は、大津市が以前から推進していた「なぎさ公園」の一画であったのだ。何とも言われぬ情けなさで私の心は、ひどく憂《ゆう》鬱《うつ》になった。私は、その夜は明け方まで眠れず、悔しさのあまりベッドの中で寝返りばかり打っていた。

B地点は、現琵琶湖博物館学芸員の松田征也《まさなり》さんが発見した場所である。私は彼から教えてもらってこの産卵場を知ったのである。そこは岸辺に14〜15年前に造成された頭大の石が幅4〜5mで棚状に並べられた岩場であった。そこは大雨のあった翌晩には50〜60個体ものオオナマズが出現する最大の産卵場であった（図4-10）。

ここでは、前記A地点にオオナマズが現れない時でさえも、必ずと言ってよいほどナマズの姿が見られた。6年間の観察も終わりに近づいた1994年には、それまでに見られなかった

図4-9 ビワコオオナマズの産卵場　A地点（現在）
護岸工事によって風景は大きく変わってしまった。今ではビワコオオナマズが産卵に来ることはない

図4-10 ビワコオオナマズの産卵場　B地点（現在）
かつてここは最大の産卵場であった。現在は、遊歩道が整備され、ビワコオオナマズが産卵に現れることはない

衝撃的な事態が起こった。これまで降雨があると必ず浸水したその岩場が、いくら大雨が降っても冠水しなくなったのだ。したがって、当然のことながらオオナマズの産卵も見られなくなった。その年には毎年のように同じ地点に現れる、私が「女王サマ」と名づけていた全長120cmくらいもある大きなメスが、あたりをウロウロしていたが、それが私にはひどく悲しく見えた。いったいどうしたんだろう？　いぶかしく思って、情報を集めてみると、琵琶湖の水位を調節している大元である瀬田川洗堰の管理方針が変わったのだという。つまり、本来増水すべきこの時期、琵琶湖の水位をマイナス20〜30cmに維持するように琵琶湖の水を放流するようになったのである（図4−11）。以後、私はしばしば大雨の後、この産卵場を観察に行った。しかし、以来この産卵場が再び水に浸かることがなく、当然のごとく大産卵は見られなくなった。ここでもヒトの都合が、オオナマズの産卵機会、産卵場を奪ってしまったのである。なお、ビワコオオナマズの産卵場（B地点）がその機能を果たさなくなったのは1994年からであるが、瀬田川洗堰の管理規則が定められたのは1992年である。2年間のずれがみられるが、その理由については今もって私にはわからない。

ヒトの都合に翻弄《ほんろう》されているビワコオオナマズ。ここでいうビワコオオナマズは、その例のひとつにすぎない。今日、身の回りの至る所でこうした生き物と私たち人間の論理が葛藤《かっとう》を起こしている。そして、絶えず損害をこうむっているのは、野生の生き物たちなのだ。こうした事態に、私たちはどう対処すべきかを真剣に考えなくてはならない。

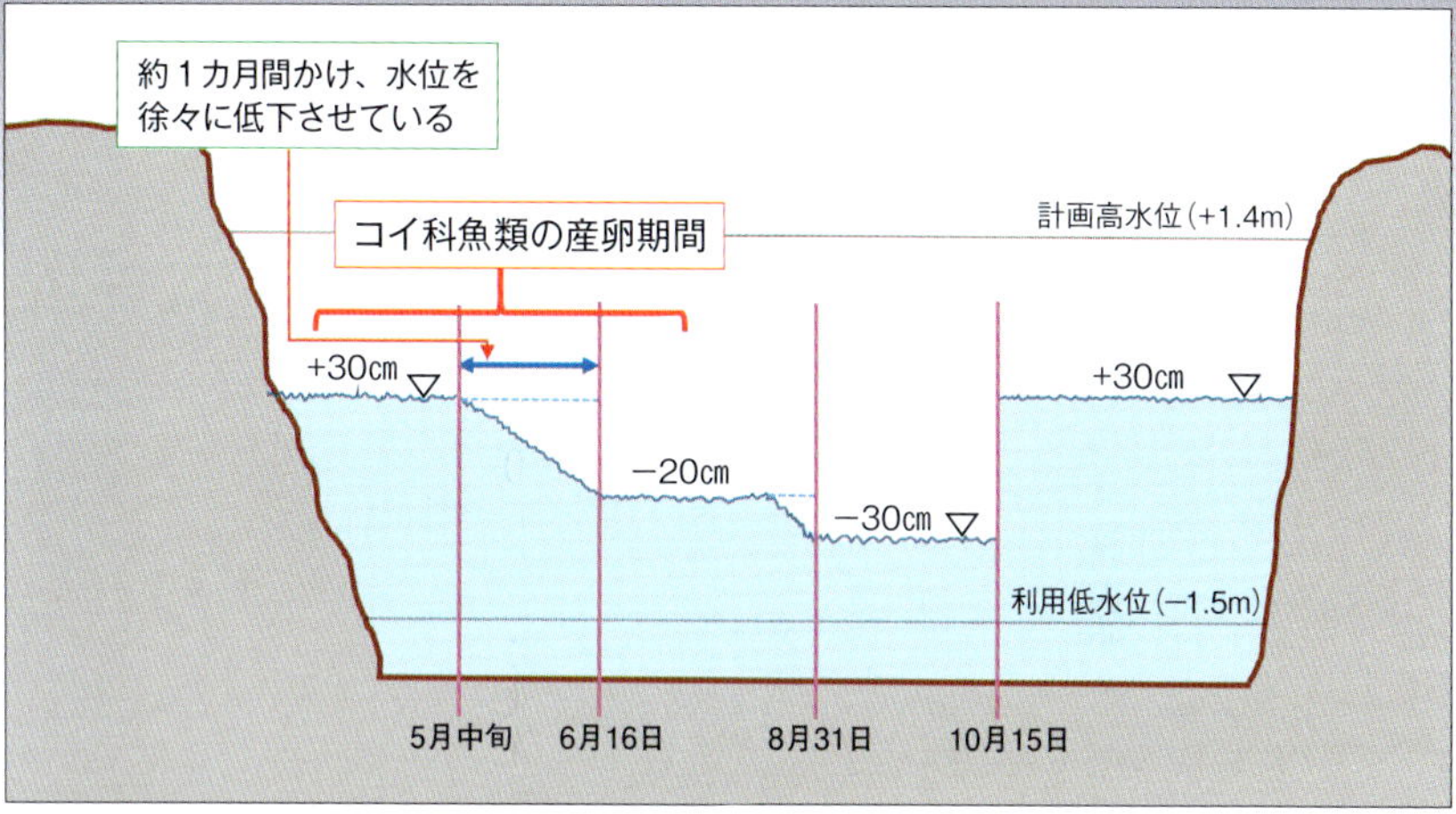

図4-11 琵琶湖の水位管理（模式図）（国土交通省琵琶湖河川事務所資料を改変）
コイ科魚類の産卵時期はビワコオオナマズのそれとほぼ重なっている

第5章　ビワコオオナマズの繁殖戦略

1　生き物の体は遺伝子の乗り物

かつて生物は自分たちが種全体として生き残っていくために、どのような繁殖方法をとっているのかが盛んに議論されてきた。これはイギリスの生物学者ダーウィン以来引き継がれてきた伝統的な進化論である。しかし、現在では、生物の個々の個体を基準として考えることが主流になっている。その代表例が当初ジョージ・ウィリアムズさんやE・O・ウィルソンさんが提唱し、その後1976年にイギリスの動物行動学者であるリチャード・ドーキンスさんが著した『セルフィッシュ・ジーン　The Selfish Gene』で話題になった、所謂「利己的遺伝子（selfish gene）」なる考え方である。日本においてもその著書、『利己的な遺伝子』（紀伊國屋書店）や『遺伝子の川』（草思社）が翻訳出版されているので、一読されることをお勧めしたい（図5−1）。

すなわち、やや擬人的表現をすれば—種を構成している個々の個体は、自分たちの仲間の繁栄を考えて行動しているのではなく、自分自身、つまり自分の遺伝子をいかに次世代に残そうかと日々腐心しているという考え方である。極端な言い方をすれば、生き物の体は遺伝子（DNA）の乗り物であるとするものである。このように言えば、日々

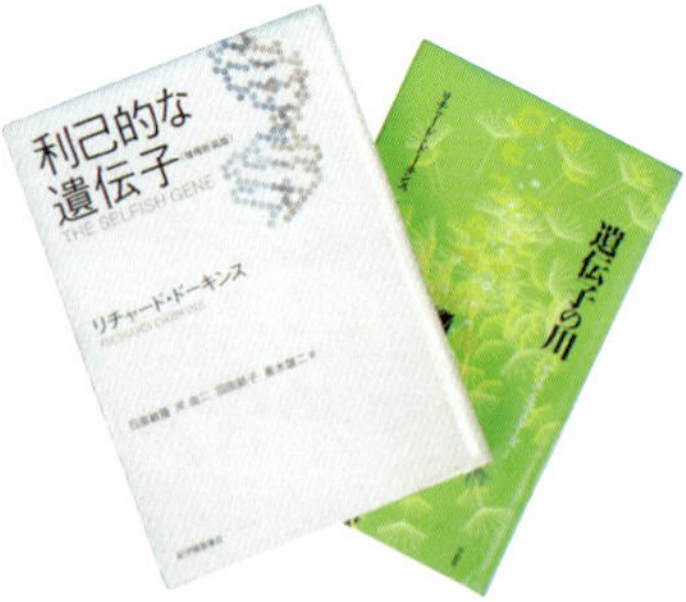

図5-1　「遺伝子の川」
（垂水雄二訳、1995年、草思社発行）
「利己的な遺伝子」
（日高敏隆ほか訳、2006年、紀伊國屋書店発行）

さまざまなことに想い悩みながら暮らしている読者の中には、ひどく悲しく思われる方もおられるかもしれない。しかし、今のところこれに代わる理論が見いだされておらず、一般に広く受け入れられているのが実態である。

それではこの考え方に沿ってみた場合、ビワコオオナマズは、それぞれの個体が自分の子孫をどのような方法で多く残そうとしているのだろうか。その回答は、彼らが現在行っている繁殖方法と他の生物との関係の中に隠されているはずである。彼らの戦略は、漠然と見ていては読みとれないし、証明するのは必ずしも容易ではない。ここでは、著者の想像もまじえながら、以下に産卵場への集合、産卵の場所、産卵時期や産卵時間帯、卵の性質やその外敵などを物差しとして、彼らの繁殖戦略、つまり子孫の残し方を描いてみたい。

2 産卵場への集合 ― 降雨と産卵の関係性 ―

食物連鎖で上位の強肉食者であるビワコオオナマズは、ふだん琵琶湖のあちこちで単独生活を送っていると考えられている。おそらく、これは間違ってはいないであろう。その根拠は、漁獲されることがあってもその多くは1個体で、めったにまとまって捕れないからである。一般に動物にとって第一義的に大切なことは、まず食べることであり、そして体を成熟させて子孫を残すことである。飽食の時代に生きている私たちは、ともすれば忘れがちではあるが、餌を捕るということは動物が生き延びていくうえでの基本であり、1日の大部分を費やさねばならない大変な労働なのである。

ビワコオオナマズは、自然界でその大きな体を維持するために毎日多量の小・中型魚、エビ類などを食べなくてはならないであろう。ビワコオオナマズのように湖内で他にほとんど外敵のいない強肉食者にとって、広い琵琶湖の中でパッチ状に分布している魚などを捕食するには、群れよりも単独で動き回った方が餌の発見確率が高くなり、引いては個々の個体の生き延びる確率も高くなるであろう。いや、他の魚類がそうであるように群れで狩りをする方法を開発できなかったという方が正しいかもしれない。かくして、彼らは餌となる小魚の分布状況に適応して、お互いに必要な距離だけ離れて単独生活するようになったものと推測される。

さて、ふだんは単独生活を送っているオオナマズも繁殖期には産卵場へと——少なくとも雌雄が——集まる必要がある。方々に散っている同種が集まるためには、何らかの合図が必要だ。水中にすんでいる生き物にとって、合図となる現象にはいくつか考えられる。水温の急激な上昇や下昇、日照時間の長さの変化、降雨による水位の上昇や濁《にご》りの発生、水質の変化などである。水温や日照時間の変化は、卵や精子などの生殖物質を熟させるには有効であろうが、オオナマズが会するためには、それらの変化はあまりにもじわじわとしていてわかりにくい。

彼らが集まるための合図は劇的な現象でなければならない。その合図となったのは、琵琶湖のように干満のない水域では降雨とそれに続く増水であろう。いや、それでなくてはならない。これらの現象はどの個体にも「今晩」という日を明瞭《めいりょう》に認知させることができるからである。まだ明らかにはされていないが、これには降雨とともに陸地から流れ込むある種の物質、あらっぽく言えば水質の急激な変化が関与している可能性もある。

さて、降雨後の産卵は、産み出された卵とその後に孵化した仔稚魚にもいくつかのメリットをもたらす。ひとつは、卵が産み出される場所に関してのものであり、今一つは孵化後まもない子どもの餌に関するものである。前者については次項「フレシキブルな産卵場の選択性」で述べることにし、ここではまず後者について紹介したい。

雨は地上から窒素やリンなどをはじめとするさまざまな物質（栄養塩）を琵琶湖へと運び込む。つまり、雨は琵琶湖を肥やしてくれるのである。高校の生物のおさらいではないが、こうした栄養塩類などを利用して、湖内にはまず太陽光を利用して大量の植物性プランクトンが発生する。すると、今度はこれを捕食する動物性プランクトンがたくさん発生する。

ここまで述べれば、読者はすでにお気づきのことだろう。そう、オオナマズの卵が孵化し、彼らがお腹につけた栄養（卵黄）を吸収し終えて泳ぎ出すころには、産卵場付近にはたくさんの餌となる動物性プランクトンが準備されているという段取りになっているのだ。実際、私が観察した産卵場でも、この時期には岸辺の流れのない水辺にはミジンコ類などの動物性プランクトンが大量に発生していた。

このように降雨後の産卵といった私たちには何気ない行為のように見えることであっても、彼らは何万年、いや何十万年という年月のなかで自分の子孫が生き延びていくための戦術、いわば生活の知恵を身につけてきているのである。そして、こうした習性は彼らの遺伝子に組み込まれており、急激には改変できないことなのである。

3 フレキシブルな産卵場の選択性

私の観察場所では、ビワコオオナマズは主に増水で浸水した岩場の浅瀬—そこには、流れがほとんどない—で産卵した。増水で新しく水に浸かった場所は、水あか（藻類《そうるい》）がついておらず、また水中生活者（外敵）がいないばかりか、隠れ家も無尽蔵に用意されているため、産み出された卵や仔稚魚《しちぎょ》にとって恰好《かっこう》の場所である。浸水した岩場には、またそういう意味合いもあるのである。

観察場所では、降雨があっても岩場が浸水しない場合もあった。つまり、数十日間にわたって降雨がなく、ようやく大雨がふっても琵琶湖の水位が下がりすぎたために岩場全体が冠水しない場合もしばしばあったのである。このような時、オオナマズはどうしたのであろうか？結論からいって、オオナマズはやはり産卵した。このような場合でも、水位が上がると岩場のかけ上がり部分のあちこちに入江状に水が入り込んだ、流れの緩やかなところができた。オオナマズはそんな限られた場所を探し出しては産卵したのであった。ここでも、水位こそ低かったが、産卵場はやはり新しく浸水したところであった。ところで、オオナマズはそうした岩場だけでしか産卵しないのであろうか？

１９９０年7月16日は、夜半から雷が鳴り大粒の雨が琵琶湖一帯に降り注いだ。待ちに待った梅雨上がりの大雨である。北湖の漁師さんの言うように、そんな夜にはビワコオオナマズの産卵が必ず起こるはずである。翌17日午後7時ころ、当時ＮＨＫ東京のディレクターであった若松博幸さんから私に電話が入った。彼は、かなり前からオオナマズの産卵をカメラに収めようと私を頼ってやってきたのだが、私が南湖周辺の観察場所を教えなかったものだから、しかたなく撮影場所を北湖へと移動していたのであった。彼からの情報によれば、オオナマズが昨晩、東浅井郡《ひがいあざい》湖北町尾上《おのえ》（現、長浜市）の朝日漁港周辺で少数ながら産卵していたという。大産卵は今晩必ずや起こるはずだ。私は早速大津市内の自宅から車でいそいそと出発した。名神高速道路、北陸自動車道をへて現地に着いたのは夜中の9時も少し過ぎたころであった。計算どおり、オオナマズの産卵はまだ始まってはいなかった。私たちはしばし待った。

産卵は夜中も10時をすぎたころから始まった。そこでのオオナマズの産卵の水音は「ゴボゴボゴボ、パシャ〜」であった。あぁ、そうか、と私は納得した。小早川みどりさんの聞いた水音はこれだったんだ、と私は思い当たったのである。ここ、北の産卵場は水深が深いため、オオナマズの産卵する水音は、重く、こもった音になるのであった。産卵行動のスタイルはといえば、果たして、それは南の私の観察場所でのそれとまったく同じであった。ただし、今回も小早川さんが観察したとされる腹部を上にして泳ぐというメスの誘因行動らしきものは、見ることができなかった。

さて、話はもどって、北の産卵場ではオオナマズは20〜30個体もいたであろうか？　あちこちで産卵している。が、産卵場所は岩場ではなかった。漁港の外側にある突堤《とってい》横にはおびただしい量のコカナダモが打ち寄せられ、それは岸辺だけでは収まりきらずにあふれ出して、場所にもよるが、沖合5ｍから30ｍにわたってあたりを覆っていたのである（図5−2）。オオナマ

図5-2 朝日漁港突堤の外側に打ち寄せられた大量の水草（長浜市湖北町尾上）

当地のビワコオオナマズはこれら水草の隙間で産卵していた

図5-3 流れ藻めがけて産卵するオオナマズのペア

ズは、波間にただよっているそうした水草の切れ目にある空間で産卵を繰り返していた。そればかりではない。漁港の船溜《ふなだ》まりの中で水音がするので、そちらの方に移動して目を凝らすと、そこにも産卵しているオオナマズの姿があった。なんと言うことだ！　オオナマズは、コイやフナ類のように流れ藻《も》（実際は流れ水草）の中でも産卵していたのである（図5−3）。産卵場所の違い、すなわち岩場と水草の違いは、北湖と南湖にすむオオナマズの習性の違い、つまり遺伝的な差異に起因するものなのであろうか？　実を言えば、私の観察場所である南の産卵場でも、産卵期も終わる頃、水温が高くなった時期に数こそ少ないが水草の中での産卵が認められることもあったのである。ただし、そんな場合出現するオオナマズの数は多くなく、多くてせいぜい10個体程度であった。

岩場であれ、水草帯であれ、場所の違いこそあれ、いずれにしてもこうした場所には無数の微空間（間隙《かんげき》）があり、それらは卵や孵化したばかりの仔稚魚に、外敵の目から逃れるための隠れ家を提供する。あわせて、そうした場所は水の流れが緩やかなために、動物性プランクトンが滞留し、孵化したオオナマズ仔稚魚の恰好の餌場にもなると思われる。

以上のことから言えるのは、オオナマズは状況によって産卵場を選ぶらしいということである。こうした柔軟性はオオナマズが生き延びていくうえで有利に働くのかもしれない。ただし、彼らが産卵場をどういう状況下でどのように選択するのかは、今もって明らかでない。

4 真夜中の産卵

魚類のすべてがそうではないが、アユ、コイ、フナ類など日中に行動する淡水魚（昼行性魚類）の多くのものが、産卵に際してはその本来の行動パターンを変え、明け方や夕方から深夜にかけて産卵する。その理由は、あたりが明るい時に産卵すれば、自ずと目立ち、自分たち自身が鳥類や他の肉食性魚類といった外敵に襲われる機会が増えるばかりか、産み出されてまもない卵が昼行性の魚類に食べられてしまうからである。一般には、そう考えられている。実際、琵琶湖ではアユの産卵期には、陸上からは産卵場に親魚を狙ってサギ類が、また水中ではアユが産む卵を狙ってヨシノボリ類が多数やってくる。そこで、アユは明るいうちは淵《ふち》などで群れとなって休み、暗くなってから産卵活動を行うという対抗策をとっている。それでも産卵の最盛期になると、中には昼中でも産卵活動を行う個体（群）がいる（図5-4）。そうした個体やそれらが生んで底質上にこぼれ落ちた卵は、それぞれサギ類やヨシノボリ類の餌食になる割合が高くなるものと考えられる（図5-5、図5-6）。

ビワコオオナマズの場合、彼らはもともと夜行性魚類であるため、昼行性魚類と違って本来の行動パターンを変更する必要はなかったであろう。つまり、夜行性というナマズの仲間の生得的習性は、繁殖を行ううえでもともと有利だったため、夜間産卵がそのまま採用されたととらえられよう。ただし、オオナマズの産卵は昼行性魚類に比べて、産卵が深夜から開始される点で外敵への対抗策がより強化されているようである。すなわち、彼らの産卵は、通常午後

10時以降に開始され、翌朝太陽が昇るまでに終了する。実際、産卵の開始時刻は、友田淑郎さんや小早川みどりさんが観察した琵琶湖の北湖でも、私が観察した南湖南端部でもほぼ同じであった。

琵琶湖の生態系の頂点にあるビワコオオナマズは、現在でこそ親魚自身を狙う外敵の種類が極限されている。しかし、有史以前の外敵として、カワウをはじめ、タヌキ、キツネ、今ではほぼ絶滅状態にあるニッポンカワウソなどが考えられる。深夜の産卵は、こうした外敵への適応であるのかもしれない。そして、有史以後に追加された思わぬ外敵として、ヒトがあげられるのである。

さて、ビワコオオナマズの卵の捕食者は、琵琶湖には数限りなく存在する。しかし、卵の捕食者の種類は、夜行性のも

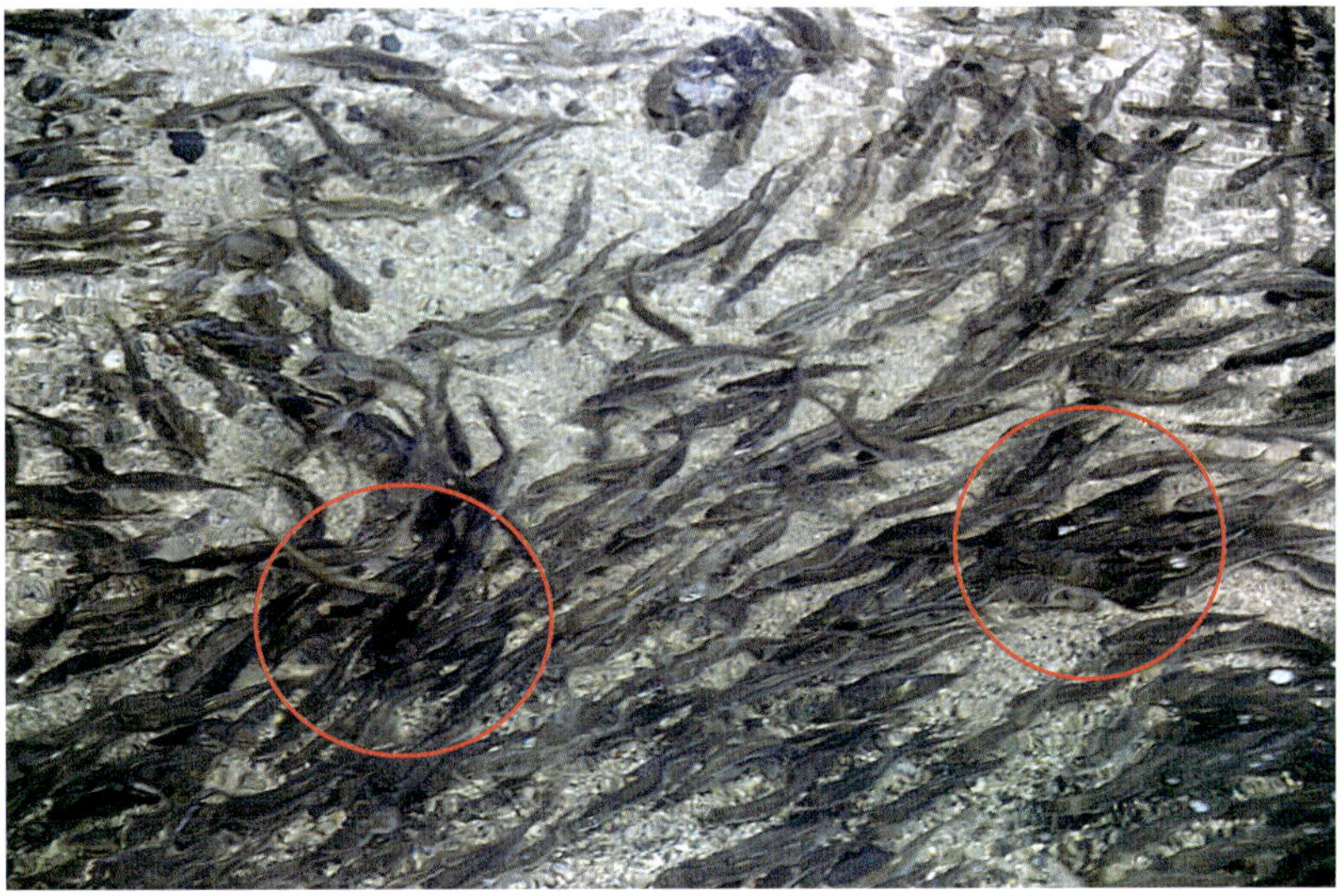

図5-4 明るい日中に流入河川の砂礫底で産卵するコアユの群れ
（コアユが集中している、赤丸で囲まれた地点で産卵している）

図5-5

コアユを食べるサギ類

（アオサギ *Ardea cinerea*、アマサギ *Bubulcus ibis*、ほか）

図5-6 **コアユの産着卵を食べるヨシノボリの仲間**

（*Rhinogobius* spp.）

のは比較的限られ、昼行性のものの方がはるかに多い。すなわち、夜行性のものとしては、ギギ、ドンコ、ウキゴリなどの魚類のほか、スジエビ、テナガエビなどの甲殻類があげられるにすぎない。一方、昼行性の捕食者としては、コイ、ギンブナ、ニゴロブナ、オイカワ、ニゴイなどの中型魚、イチモンジタナゴ、シロヒレタビラ、ヤリタナゴ、カネヒラ、ビワヒガイ、アブラヒガイ、ムギツク、モツゴなどの小型魚と非常に多くの種類がいる。ヨシノボリ類などは、昼夜兼行型とみてよいだろう。もっとも、これらの区分は明確なものではなく、通常は夜間に活動するものであっても曇天《どんてん》であたりがやや暗い日や、水が濁っている場合には昼間にも行動するし、条件によってはその逆もありうるだろう。

先にも述べたように、私はオオナマズが明け方に産卵した場合、卵がまだ水中を漂っている間にオイカワが半狂乱のようになってその卵を食べているのを観察しているし、その後も日中彼ら以外にニゴイやシロヒレタビラなども加わって岩の上に付着している卵をむさぼり喰うのを見ている。したがって、昼行性魚類が多い琵琶湖では、夜間に産卵することは、昼間に産卵するよりも、産出されたばかりの卵の捕食を防ぐうえで相当の防御効果があることは疑いないだろう。

5 産卵時期 ―早い孵化をめざす―

ビワコオオナマズの体は、琵琶湖にすむどの魚よりもずばぬけて大きい。したがって、彼らが産卵場所を選択するにあたって、場所の空間的な広がりや水深などの物理的な制約をある程度受けるものと思われる。とはいえ、その圧倒的な体の大きさばかりでなく、肉食性という高位のニッチェ（生態的地位）から、産卵場所を巡っては他の魚類とほとんど競合しないであろう。したがって、このような状況においてオオナマズがとるべき戦術は、小魚などによる卵や仔稚魚の捕食をいかに防ぐかという一点に注がれるはずである。

ビワコオオナマズはこれらの小魚に対してどんな策を練るべきであろうか？　これらの外敵を全部食べてしまうことか。いや、餌となる魚類を全部食べてしまっては、自分たち自身がこの湖で生き延びていくことはできないし、餌となる魚類たちもオオナマズに食べられないための戦術を絶えず練っている、つまり一方は食べるための工夫をし、対する一方は食べられないための工夫（共進化）をしているから、それは物理的にも不可能なことである。

彼らオオナマズが取りうる策には、いくつか考えられる。まずは、①自分たちが卵を生む時間帯を、小魚・エビ類等の活動時間帯からできるだけ離すことであり、②食べられても残るくらいに十分な卵を産み出すことである。もし、それでもだめなら、③生んだ卵を小魚に発見されないようにできるだけ、分散させ、そして隠すことであり、④生き延びた卵は、できるだけ早く孵化し、自らの体を隠すことである。かくして、オオナマズは、完璧《かんぺき》とは言いがたいものの、以上のことを実際に全部やってのけている。しかし、生物に完璧な対応策などありはしない。なぜなら、逆説的ではあるが完璧なる対応策をとることは進化の袋小路に入り込むことを意味し、時として身を滅ぼす元になりうるからである。時々刻々と変化する環境に適応して生き延びていくためには、フレキシブルこそが完璧により近い対応策なのである。

さて、ここで①、②についてはこれまでに述べたし、③についても、オオナマズが産卵行動の最終局面で卵を分散させるためにかき回し行動を行うことをすでに簡単に紹介した。ここでは④について、彼らがどのように実際それを行っているかを紹介しよう。

卵を捕食する外敵がいる環境下では、いつ食べられるかも知れない卵は、早く孵化するにしたことはない（図5－7－1～図5－7－7）。孵化して、移動ができれば、自在に隠れることが可能になり、外敵から捕食される確率が低くなるからである。私が観察した結果では、ビワコオオナマズは水温が17℃を超えだしたころから産卵を開始し、30℃まで産卵した（図2－13）。時期的には、その年の天候によっても異なるが、概して5月中旬から7月中旬であった。オオナマズの産卵開始時の水温は近縁種であるイワトコナマズやナマズよりも3℃以上も高く、高温側ではイワトコナマズより4～5℃以上も高かったのである。オオナマズの卵を水族館に持ち帰って確認したところ、さすがに水温が30℃の時に産まれた卵は、孵化率が著しく悪かった。ともかくも、これから言えることは、ビワコオオナマズは他のナマズ2種に比べてより高い温度で産卵し、より早い卵の孵化をめざしているらしいということである。

孵化に時間のかかるオオナマズの卵、いいかえれば早期に産卵するという素質をもった親の遺伝子は、その卵を小魚たちに食べられることによって次第に姿を消しさり、水温の高い時期に産卵し、早く孵化することによって、敵の毒牙《どくが》を逃れた卵（遺伝子ＤＮＡ）が生き残るという自然の淘汰がここに働いているのである。一方では、日々いかに卵を食べようかと腐心している小魚がおり、彼らもまた〝卵探し上手〟の遺伝子に磨きをかけているのである。所謂共進化である。トリカブトやクスノキなどの植物が毒を産生するのも共進化の賜《たまもの》である（図5－8）。かくして、止めどもない軍備拡張競争を行っているのが生き物の世界なのだ。

現在見られるビワコオオナマズの産卵時期や時間帯は、彼らが長い時間の経過の中でこうした他の生き物の洗礼（淘汰《とうた》）を受けてきた結果とみてよいだろう。しかも、それは、決して完結したものではなく、今なお環境変化に対応しながら刻々と変化しているととらえることができよう。

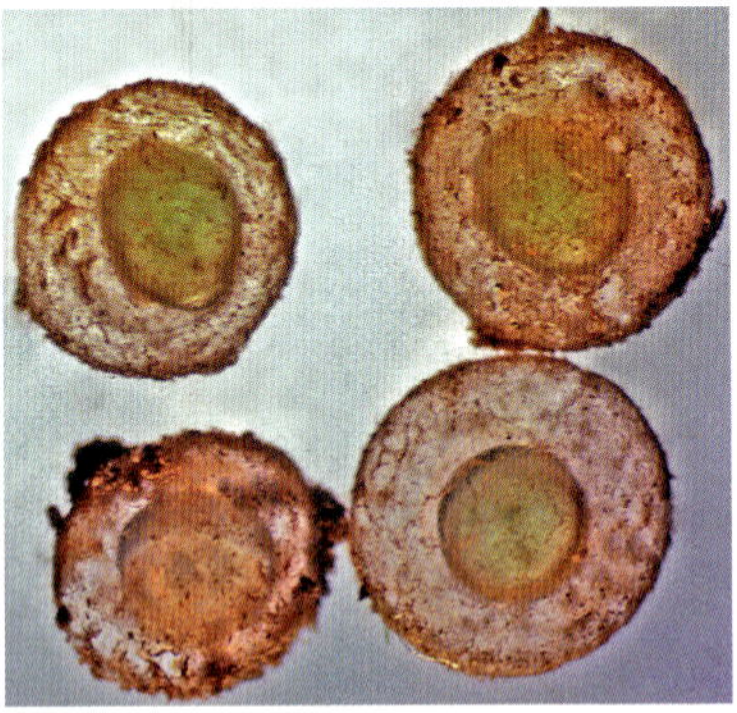

図5-7-1

産出直後のビワコオオナマズの卵
（左下の１個）

他の３個はナマズの卵。ビワコオオナマズの卵黄は、淡黄色を帯びている。大きさは、ナマズの卵とほとんど変わらない。外部を包むゼリー質をふくめた直径は、約４㎜

図5-7-2

ビワコオオナマズの孵化直前の卵

胚ができているのがわかる。まもなく孵化が始まる

図5-7-3 **ビワコオオナマズの仔魚**
上：孵化２日目（全長約５㎜）
下：孵化３日目（全長約６.７㎜）
腹部にはまだ卵黄が残っている。この時期には物陰に隠れるようになるが、動きが遅いためギギやヨシノボリ類の餌食になる

図5-7-4 **ビワコオオナマズの幼魚**
口ひげが上顎に１対２本、下顎に２対４本の合計６本ある。全長が６～７㎝を越えると徐々に下顎の１対が消え、最終的には成魚と同じく２対４本となる。動きも早くなり、小魚に食べられにくくなる（写真 LBM）

図5-7-5 ナマズ(左)とビワコオオナマズ(右)の幼魚
(全長3～4㎝)
この時期には、両者ともよく似ているので、区別しにくい。ビワコオオナマズはナマズよりも頭部が平たく、口裂も大きい

図5-7-6 ビワコオオナマズの幼魚(全長5.4㎝)
すでに、下顎の1対のひげはなくなっており、成魚と変わらぬ姿かたちをしている。同じ発育段階のナマズ(マナマズ)に比べ、本種の幼魚は、中層をよく泳ぎまわる

図5-7-7 ビワコオオナマズの幼魚（全長12㎝）

この大きさになると、頭部がやや平たくなるとともに、背部がややもりあがってくる。腹部は白みを増して、より一層、成魚の形態に近くなる。夜間に小魚やエビ類を襲う。本種は成長がすこぶる早く、冬季に琵琶湖の北湖で行われる底曳網で獲れる当歳魚は、全長が30㎝余りもある

図5-8 クスノキ（楠）

クスノキも毒（樟脳《しょうのう》）をつくる。これは自分の葉を虫に食べられないために共進化したものである。

6 大きなメスは魅力的？

ビワコオオナマズは、他のナマズ類（ナマズ科魚類 *Siluridae*）と同様に、オスよりもメスの方が一般に体が大きい（図5−9）。こうした雌雄間における体の大きさや色彩など形態上の差異を性的二型《せいてきにけい》という。高井則之さんの調査によれば、ビワコオオナマズの場合、すべての年齢においてメスの方がオスに比べて体長が大きく、オスは高齢になるほど成長が停滞するのに対し、メスは継続的に成長を続けるという。さて、ビワコオオナマズはどうしてメスの方が大きいのだろうか？ これにはそれなりのちゃんとした理由がある。以下に説明しよう。

私の観察では、産卵場に現れる雌雄の数はオスの数よりもメスのそれの方が常に多かった。その比率（実効性比：operational sex ratio）は、時間の経過とともに変化した。例えば1991年6月6日夜の観察結果ではオス1個体に対するメスの割合は、2〜9個体であった（図5−10）。このようにメスが常に多い状況下では、どのようなことが起きるのであろうか？

そう、メスが多いのだから選択する側の性はオスである。そこで、オスは自分の子孫を残すためにできるだけ魅力的なメスと番《つが》おうとする。これはヒトならずとも人情というものであろう。さて、ここでビワコオオナマズにおいて〝魅力的〟なメスとはどのようなメスであろうか？

生物はそれぞれの個体が自分自身の子孫、言い換えれば遺伝子（DNA：ディオキシリボ核酸）をいかに後代に残そうかといつも腐心していることは先に述べた。ある個体が次世代にどのくらいの子どもを残すことができるかという尺度は、適応度（個体適応度：fitness）と呼ばれている。

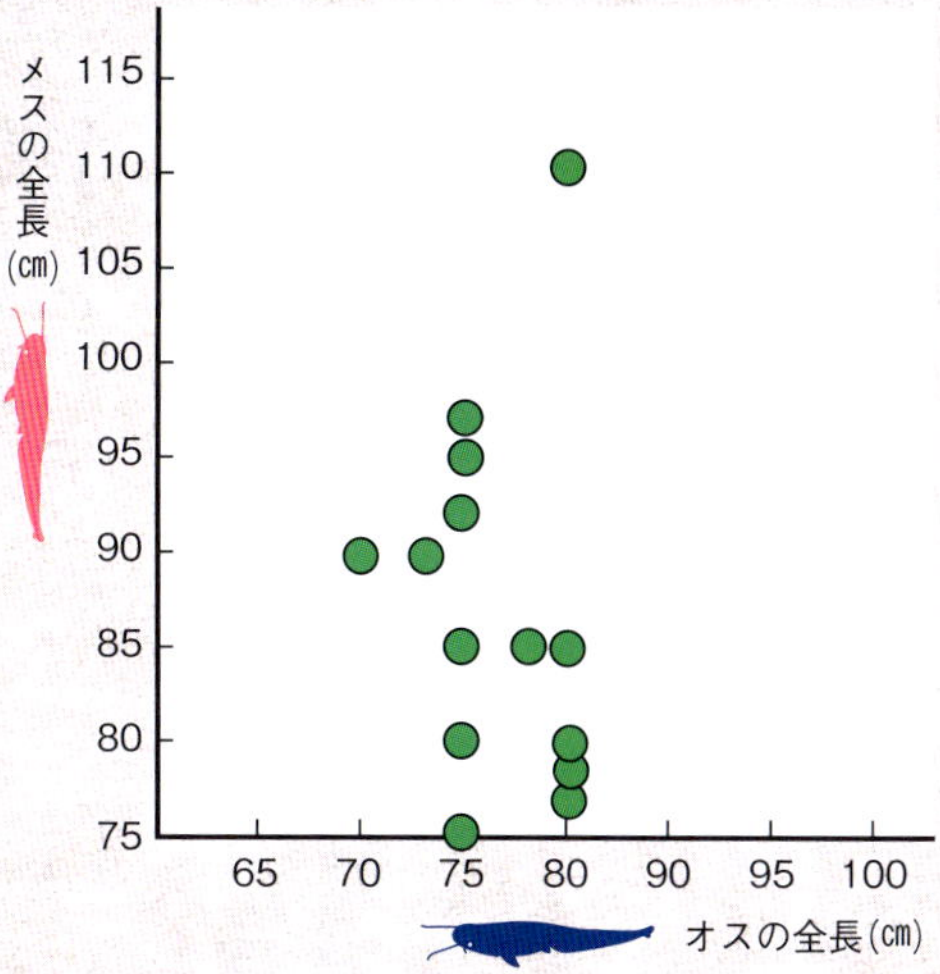

図5- 9　オオナマズペアの体サイズの比較
（ペア 13 例の場合：1991 年 6 月 6 日の観察結果）

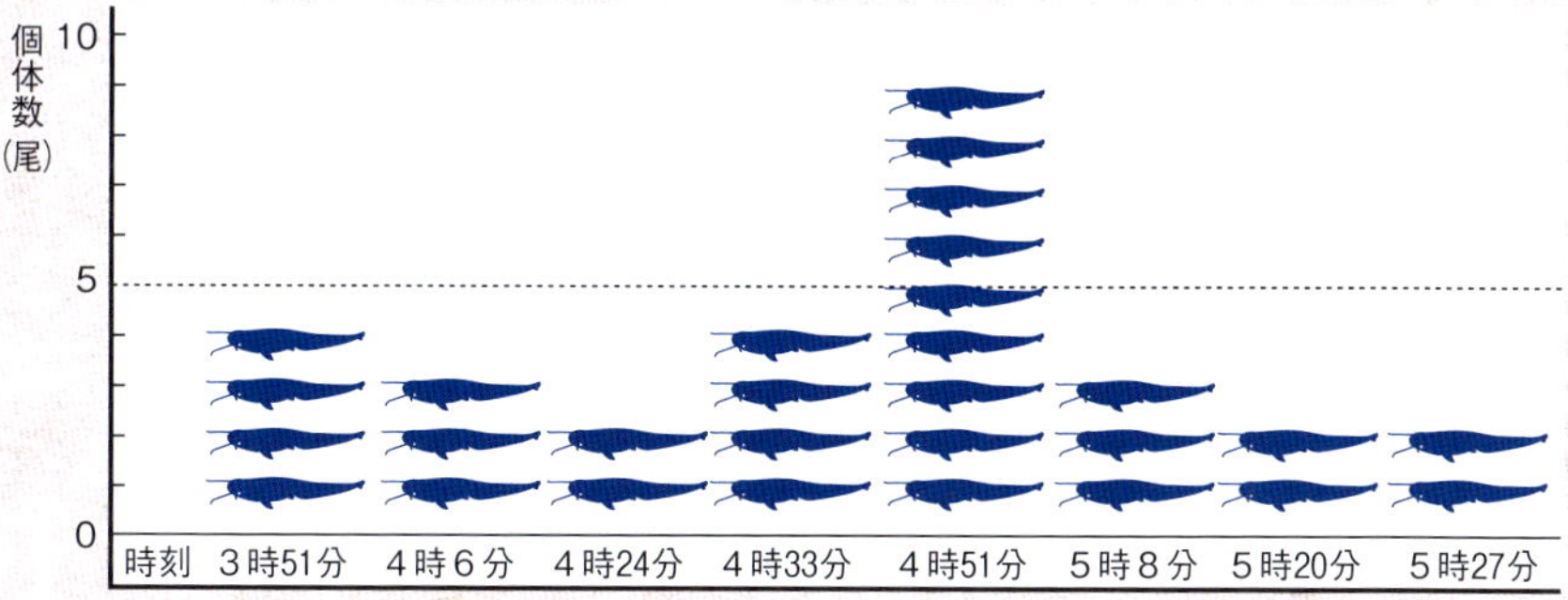

図5-10　産卵場に出現したビワコオオナマズ雄 1 尾に対する雌の個体数の経時的変化
（1991 年 6 月 6 日　午前3時51分～午前5時27分のビデオ撮影映像の解析結果から得られたデータによる）

だとすれば、ビワコオオナマズの雌雄もまたそれぞれの個体が自分の子孫をいかに残すべきか、言いかえれば適応度をいかに上げるべきか腐心しているはずである。オオナマズのメスは、一生に産むことのできる卵の数は限られているため、できるだけ生活力のある、大きなオスと番おうとするだろうし、一方のオスは、卵の数ができるだけ多い、つまり体のできるだけ大きなメスと番おうとするはずである。魚の場合は、私たちヒトと違って、生きているかぎり成長を続けるため、体が大きいということは一般に生きてきた期間が長いことを示している。生きてきた期間が長いということは、その個体が外敵からうまく逃れたり、餌の探し方が上手であるなど環境適応能力に優れ、適応度の高い遺伝子をもっていることを物語っている。雌雄が、それぞれにお互い大きな個体を選ぼうとするゆえんである。もっとも、大きな個体は老齢であり、それゆえ雌雄それぞれの生殖物質（卵と精子）が弱体化している可能性もあるが、今のところそうしたことの有無は調査されていない。

さて、ここまで述べれば、ビワコオオナマズのメスの体がオスよりも大きい理由はおわかりだろう。つまり、産卵場における性比がメスに偏っているため、選択する側の性であるオスの要求に応えるべくメスの体が大きくなっているのである。一方のオスはというと、オスが番おうとするメスがすぐ見つかるのだからメスほどに体を大きくすることに精力（＝エネルギー）を注ぎ込む必要がない。こうした進化のメカニズムは、性淘汰（sexual selection）と呼ばれ、よく知られている自然淘汰とは別ものである。このことについては、1871年にダーウィンが著した『人間の由来と性に関する淘汰』という本の中にすでに書かれている。では、振り返ってオオナマズでは、なぜメスの方がオスよりも数が多いのであろうか。残念ながら、今のところその理由はよくわかってはいない。

ところで、ビワコオオナマズの場合、雌雄それぞれが番う相手の体の大きさについて一定の傾向があるのであろうか？　つまり、体の大きなメス・体の小さなメスは、それぞれ体の大きなオス・体の小さなオス同士で番うのだろうか。それともお互い体の大きさに関係なくランダムに番うのであろうか？

そこで、私は、この疑問を解消すべくビワコオオナマズの126ペアについてこのことを調査してみた。その結果、体の大きなメスは体の大きなオスと、また体の小さなメスは体の小さなオスと番う傾向がみられた。これは「体サイズによる同類交配（調和配偶）」と呼ばれる。産卵行動のところでも記したように、メスは番おうと寄り添ってきたオスが気に入らなければ身をかわすことによって拒否する。つまり、番うか番わないかはメスに選択権があるのだ。よくはわかってはいないのだが、体サイズによる同類交配が生じる原因として、一般には体の大きさの隔たりは雌雄がお互いに放卵放精のタイミングを同調させられないとか、お互いの（または一方の性の）生殖物質の量が不足する（あるいは多すぎる）などのいくつかの物理的な障害があるためと考えられている。

オスに比べてメスの体が大きいのは、オスの側の選択に起因していると考えられるが、体サイズによる同類交配はメスがイニシアチブ（主導権）を握っているのだから、生物の世界は一筋縄ではいかない。

話はもどって、ではどうしてビワコオオナマズのメスは多くの卵を産む必要があるのだろうか？ これはそんなには難しくはない。実は、ばらまき型という産卵形態に依っている。つまり、動物は一般に成熟するまでの子どもの間に他の捕食者―それが時には自分の親であることも！―に食べられたり、病気などで死んでしまうのを見込んで、それに見合うだけの卵を生んでいるのだ。そして、オオナマズの場合はすでに述べたように、卵の段階で多くのものが他の魚や小動物に食べられ、その初期減耗率がきわめて高い割合で起こるために多くの卵を産んでいるのである。

このことは、理論としてはわかりやすい。しかし、魚類では実際自然界で産卵された卵の何割がどの生育段階で、どのくらい死亡し（減耗《げんもう》し）、実際に産卵可能な年齢に達するまで生き延びるのは何個体かというような実証的な研究はほとんど行われていないといってよい。では、なぜ彼らはばらまき型産卵をするのか？ 逆の言い方をすれば、卵を守れば他の魚に食べられる機会が少なくなるのに、彼らはなぜ卵を守らないのか？ 実際、ビワコオオナマズと親戚関係にあるヨーロッパナマズでは、親魚が卵を守ることが知られている。しかし、この答えは意外と難しい。現在のところ、親魚が卵の保護を行わないのは、保護を行うことによって親魚の得られる利益が、保護を行わないことによって得られる利益を上回らないためと、もっともらしく解釈されている。親魚の利益とは、先にも記した適応度のことである。

ビワコオオナマズにおけるばらまき型産卵と膨大な産卵数は、気の遠くなるような時間の中で、彼らと他の生き物とのいろいろな関係（生物間相互作用）の中で培《つちか》われてきたものに違いない。そうした歴史的過程をまったく無視し、それを大きくゆがめようとしているのが私たちヒトという生き物に他ならない。このことが人びとの間で十分に認識されていないことが、今日の生物世界を破滅へと導いている原因のひとつなのである。

以上に見てきたように、ビワコオオナマズは、降雨後の増水によって新しく水をかぶった場所に、お互いが示し合わせて深夜に産卵場に集合し、一時に大量の卵を産むという産卵様式をとっている。そして、産卵の場所や時刻、および時期のどれひとつをとりあげても、親魚自身や彼らの産んだ卵の物理的な環境や外敵への適応と孵化した仔稚魚の生き残り戦略が見てとれるのである。

ただし、これでビワコオオナマズの繁殖戦略の全貌《ぜんぼう》が明らかになったわけでは決してない。親魚の生涯における産卵回数、放卵数、そして卵の孵化率や生まれた仔稚魚が親魚になるまでの生残率など、明らかにされるべきことがまだまだ山のように残されているのである。

1 ビワコオオナマズの成長、寿命

ビワコオオナマズは、1年で体長20㎝、2年で60㎝、3年で70㎝になり、5〜6年で1mを超えるようになる。一方、ナマズは1年で体長10〜15㎝、2年で20〜30㎝、4年以上で60㎝になる。イワトコナマズもナマズのそれにほぼ準じた成長をする（図6—1）。

このように、ビワコオオナマズの成長はナマズやイワトコナマズのそれに比べてすこぶる早い。かつて私はイワトコナマズの卵を孵化させ、その幼魚約50尾を約80ℓ（60×45×30㎝）の水槽で飼育していたことがある。—言い訳になるが、当時水槽に空きがなかったため、高密度飼育をしていた—そのおり、水槽の中にビワコオオナマズの子ども1尾が紛れ込んでいた。

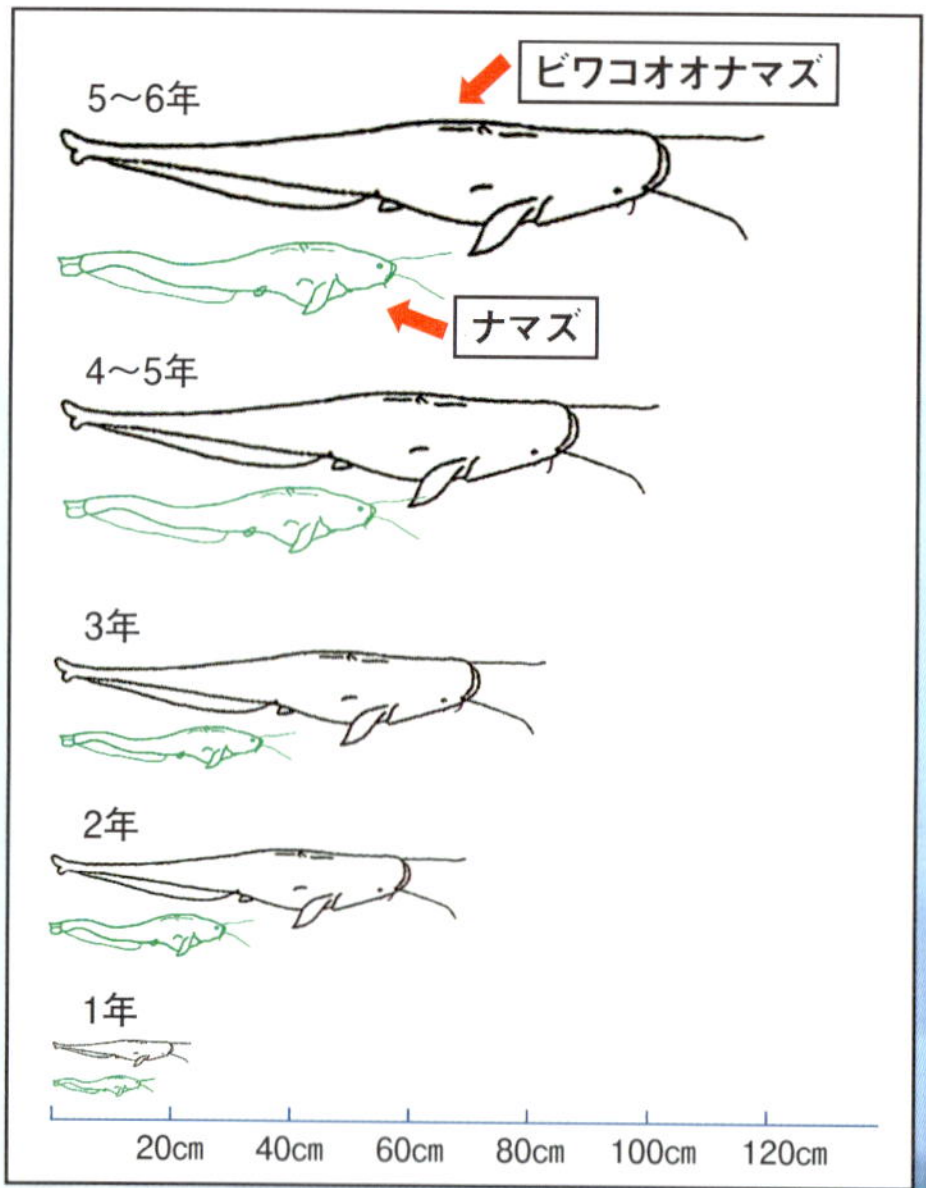

図6-1 ビワコオオナマズの成長は、ナマズ（マナマズ）と比べて著しく早い

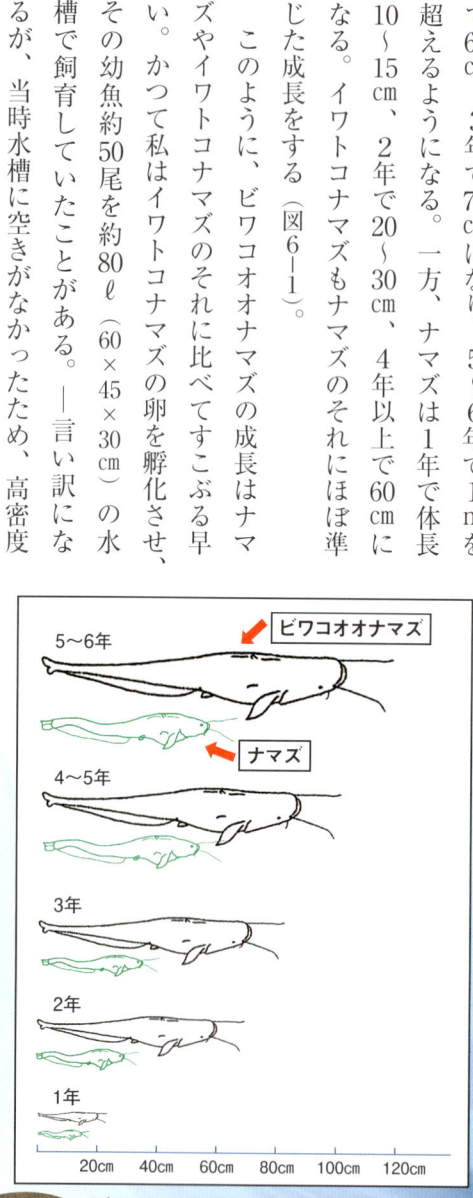

それと気づいた時にはイワトコナマズの子どもの数が半分くらいに減っていた。その時のビワコオオナマズ幼魚の体長は15㎝ほどもあり、一方のイワトコナマズの体長（7～8㎝）の約2倍に達していた。おそらくは、イワトコナマズ幼魚はオオナマズ幼魚の餌食にされたのであろう。オオナマズは子どもの時からきわめて貪食《どんしょく》である。

ナマズ類の分類に造詣《ぞうけい》が深い小早川みどりさんによると、ビワコオオナマズの成長がよい要因として、卵の発生速度が速く、かつ仔稚魚期の成長が早いことに加え、寿命が長いことをあげている。私は、それらに加えてビワコオオナマズのあくなき貪食さをあげたい。

高井則之さんが、脊椎骨上にある透明帯を年輪と仮定してオオナマズ約150個体（メス100個体余、オス約50個体）について年齢と体長（標準体長）の関係を調べた結果によれば、メスでの最高齢個体は22歳で、体長約110㎝、オスでは最高齢個体が18歳、体長約80㎝であったという。結論を急いでは危ういが、オオナマズも私たち人間と同様にメスの方がオスよりも寿命が長い可能性がある。

私の記憶によれば、かつて関東地方の水族館において本種を20年以上にわたって飼育していた施設がある。しかし、自然界において野生生物には私たち人間による狩猟・漁撈《ぎょろう》をはじめ、その外にもさまざまな圧迫要因が存在するため、永らく生き延びることは相当困難であると考えられる。ビワコオオナマズで20年以上も生き延びた個体はよほど幸運に恵まれた個体であると言えよう。

2 ビワコオオナマズを飼育する

琵琶湖を代表する魚といえば、だれもがビワコオオナマズという。なぜだろうか？　まず、何よりもこの魚の体の大きさがあげられるだろう。私自身がこれまでに見た最大のものは全長1・3mにも達した（図6-1）。我が国在来の淡水魚で、全長が1mを超える魚はそうざらにはいない。ビワコオオナマズ以外では、北海道のイトウ、四万十《しまんと》川河口部（高知県）にときたま海から侵入してくるアカメ、そして誰もが知っているコイぐらいのものだろうか。とはいえ、これら3種も最近では1mを超えるものはほとんどみられないのが実状である。

話はもどって、このオオナマズ、今から60年余り前はふつうのナマズの巨大化したものと思われていた。それがまったく別の種類だということが学会に報告されたのは、今から60年ほど前の1961年のことである。琵琶湖の北に位置する高島郡今津《いまづ》町（現、高島市）に住んでおられた元国立科学博物館研究員の友田淑郎博士によって報告されたものだ。残念なことに友田博士は2017年11月に亡くなられた。

次にあげられるのが、このオオナマズの謎に包まれた生態であろうか。ヒトはきわめて好奇心に富んだ生き物ゆえ、謎多きモノに夢を抱くようである。それがオオナマズに対しても注がれるのであろう。他の魚が活動をしない夜に活動し、しかも産卵期以外は岸辺に姿を現さないため、これまでオオナマズの普段の生活の様子については神秘のベールに包まれていた。産卵生態や生息場についていくばくかのことがわかってきたのは、ついここ20年ほどのことなのである。
ここで読者のみなさん方へ質問。ナマズに鱗あるや、なしや？　ヌルヌルしたナマズのついでに、ウナギに鱗あるや、なしや？

ここで振り返って、「魚とは何か」といえば、読者のみなさんには意外と思われるかもしれないが、まず脊椎（背骨）があって、顎（顎骨《がっこく》）があることが、最底の条件。次いで、水中で生活し、ひれがあって、鱗があること……などどとなる。しかし、どの世界においてもそうであるが、これらの条件にあてはまらない例外はいっぱいある。もったいぶらずに結論を言おう。実は、ナマズには鱗がなくて、――これは意外に思われるかも知れないが――ウナギには鱗があるのだ。ただし、先にも述べたように一部のナマズ目の魚には鱗（骨板）がある。

さて、オオナマズに鱗がないことが、当初、飼育をいちじるしく困難なものにしていた。な

図6-1 これまでにとれた最大のビワコオオナマズ
（全長130㎝）

ぜなら、鱗のあるコイやフナ類と比べていちじるしく外傷を受けやすいからだ。私たちは通常このナマズを漁師さんから譲り受ける。琵琶湖の漁師さんは、生きた状態で取り引きするアユ以外は通常飼育することを念頭において魚を扱うことをしないが、これはビワコオオナマズについても例外ではない。したがって、漁師さんから受け取る時には、網ですくった時や生簀《いけす》に放り込まれた時に受けた細かな傷が体表にいっぱいある。みなさんの中にも、釣ってきた魚を水槽にいれたら体の表面に白い綿《わた》のようなもの（実は水生菌というカビの仲間）がついて死んでしまったという経験をお持ちの方もおられよう。白い綿のようなものは傷ついた部分に発生する水カビである。ビワコオオナマズの場合、その体の重さが命取りになって、極端な場合には、網ですくったらその網目どおりに水カビが発生してしまうのだ。

私たちは、漁師さんからオオナマズを受け取る時点から、大きめのビニール袋ですくい、その後の移動にあたってもすべてビニール袋で扱うことで、できるだけナマズの皮膚を傷つけないようにする。また、水族館に持ち帰ってからも2週間以上も治療を行うことで、その後の飼育を可能にしているのである。私の水族館の先輩である故松田尚一さんによれば、ビワコオオナマズの飼育当初は、現在のように抗生物質やフラン剤などの化学療法剤がそれほど普及していなかったから、飼育に際しては試行錯誤の連続であったという。現在のように、ナマズを飼育できるようになるまでには、これまで多くのオオナマズが犠牲になってきたことを私たちは知っておく必要があるだろう。

話は変わって、私が勤務していた滋賀県立琵琶湖博物館では、オープンするにあたり、この琵琶湖の主《ぬし》にスポットを当てようと、ビワコオオナマズ専用水槽をもうけた（図6－2）。ここに複数のオオナマズを入れ、その堂々とした勇姿をみなさんにごらんいただこうとの意図である。オオナマズは元来夜行性の魚だから、夜に照明を明るくして静かに眠っていただき、開館時間中の昼間には照度を落として泳ぎ回ってもらおうとタイマーも設置した。

さて、準備万端整えて、さっそくオオナマズを収容してみたが、ナマズは暗がりに隠れて出てこない。それではとナマズの数を増やしてみるとやっと出てくれた。しかし、そこは肉食魚。たがいに咬《か》み合い、いい住処《すみか》——暗がりや底に設けたトンネル状の隠れ家——を追い出された弱い個体だけがあたりをたよりなさそうに泳ぎ回っているだけ。それらは、水槽内をさまようちに、

図6-2 滋賀県立琵琶湖博物館のビワコオオナマズの展示水槽
（写真　LBM）

あっちで咬まれ、こっちで咬まれして次第に弱っていく。咬まれた魚を見て、かわいそうという来館者も出てきた。ナマズどうしの目線をかわすことができれば咬み合いが緩和されるのではと期待を抱きつつ、ニゴイやニゴロブナなどの中型魚をたくさん入れてみたこともある。しかし、いろいろ試みてもどうにもならない。琵琶湖の中を単独で泳ぎ回っている、この一匹狼(一匹魚?)を狭い水槽でたくさん泳がそうと考えたのがそもそもの間違いだったのだろうか?

ビワコオオナマズを多く飼おうとすれば、水深よりもおそらく平面的な広がりが必要なのかもしれない。このナマズは琵琶湖の広大な沖合に適応した魚であるといっても、しょっちゅう泳いでいるわけではなく、日中は水底に体をつけて休んでいる時間の方が長いと思われる。したがって、何者にも干渉されることのない休み場所こそ重要だろう。彼らが休んでいる時に、目の前を他の個体がやってくれば、その習性から干渉せざるをえないのであろう。残念なことに、十分な広がりを持った水槽を造れなかったことに、根本的な原因がありそうである。

しかしながら、自然界で単独生活しているものを狭い水槽内でたくさん飼育することが、果たして私たちの目的とするところなのだろうか? これらのことについては、水族館のあり方そのものも含めてさまざまな議論があるところである。

3 中国における大ナマズの養殖

先にも述べたが、ビワコオオナマズはうまくないため自ら好んで食べたい魚ではない。ところが、私が2000年に中国湖南《フーナン》省へナマズ類の調査に出向いたおり、当地においてビワコオオナマズに姿かたちもそっくりな大ナマズの養殖が盛んに行われているのを目の当たりにした。

養殖対象になっていた大ナマズは、ビワコオオナマズと同じくナマズ科シルルス属のナンポウオオクチナマズ *Silurus meridionalis* である（図6−3）。私の訪問した時期は、このナマズの繁殖期にあたり、同省長沙《チャンシャ》市にある水産科学研究所で人工授精を行っていた。

ナマズの親魚は素掘りの大きな池に飼われていた。それを研究所の職員が数人がかりで巻網《まきあみ》を使って捕獲し、雌雄からそれぞれ精液と卵をとって、調理用ボールの中でそれらを鳥の羽を使ってかき混ぜたの

図6-3 ナンポウオオクチナマズ *Silurus meridionalis*
全長約50㎝の若魚

ち水を加えて受精させるという方法（乾導法）をとっていた（図6‐4‐1〜図6‐4‐3）。受精卵は同研究所の水槽で孵化させ、大きさが2〜3㎝になった時点で省内の個人（養殖業者）に安価に販売されていた（図6‐6）。私も日本へ持ち帰るために数匹購入したところ、なぜか地元の人への売値の10倍ほどの価格であった。ともあれ、現地ではため池で養殖すると秋には60〜70㎝に達し、出荷されるという（図6‐7）。

私はまだ食べてはいないが、ビワコオオナマズに酷似《こくじ》したこのナマズがおいしそうには見えなかった。ただ、中国では魚を味つけし、煮物や揚げ物として食するのが一般的である。そのため、養殖するには魚の食味の如何《いかん》よりも成長の早いことの方が重視されるのかもしれない。なお、私が長沙市内にある市場を訪ねたおりには、この大ナマズはふつうのナマズとともに活きた状態で販売されていた（図6‐8）。おそらく市場とは目と鼻の先にある洞庭《トンティン》湖で漁獲されたものであろう。販売されている数はナマズと比べてごくわずかであったことから、天然での漁獲量はそれほど多くないと思われた。

図6-4-1 巻網で捕獲されるナンポウオオクチナマズ
（2000年、中国・湖南省水産研究所にて）

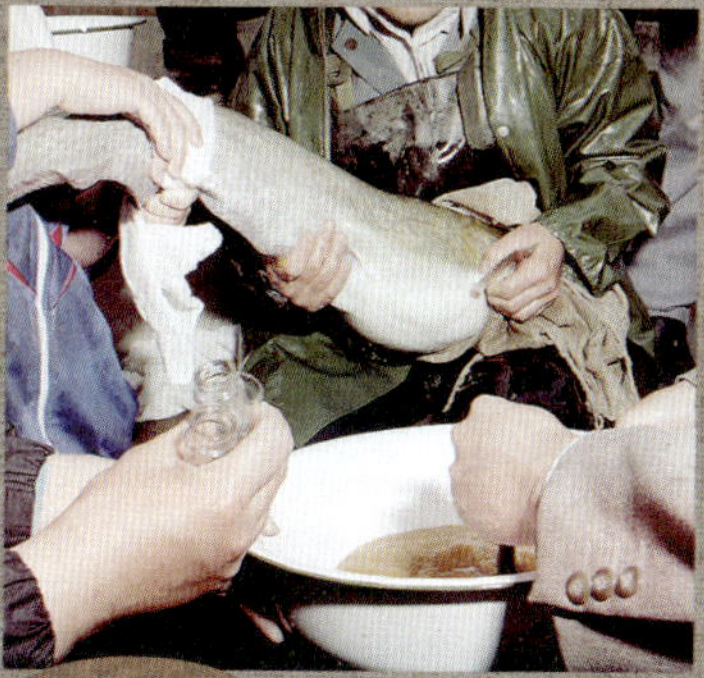

図6-4-2
オス親から精子を絞り出す
（2000年、中国・湖南省水産研究所にて）

図6-4-3
人工授精：卵と精子をかき混ぜる
（2000年、中国・湖南省水産研究所にて）

図6-6 販売サイズとなったナンポウオオクチナマズの幼魚（全長３～４㎝）
（2000年、中国・湖南省水産研究所にて）

図6-7 ナンポウオオクチナマズ養殖池

ナマズ養殖は、省内に点在する池で行われる。このナマズは、秋までに60～70㎝に成長するという。奥に見えるビニールハウスでは、ナマズの種苗を生産している。中へ入ってみたが、暑さで汗だくになってしまった。

図6-8

活魚で販売されているナンポウオオクチナマズ（衰弱しているため体色が白くなっている大きな個体）**と普通のナマズ**（左の桶）

右の桶に6、7尾見える魚はカムルチーの仲間（2000年、湖南省長沙市の市場にて）

あとがき

昭和49年（1974年）4月に、私は初めて日本一の湖・琵琶湖へとやってきた。今も大津市打出浜《うちではま》湖の中にそびえ立っているお城の形をした滋賀県立琵琶湖文化館（2008年から休館中）に当時併設されていた淡水水族館へと就職したのだった。

琵琶湖にきた私は、早速、晩めしのオカズにしようと大津市内の湖岸で高知仕込みの投げ網―投網《とあみ》ではない―を投げた。確かオイカワだったと記憶しているが、一網《ひと》で100尾以上もかかった。これはいいや、と網にかかった魚をはずしていたら、通りがかりの人が「このあたりの魚はくそうて、食べられへんで……」。野外の河川などで汚れた水に出会ったことのなかった私にはショッキングな出来事だった。当時、琵琶湖の南湖はすでに汚染が進行しつつあったのである。ついでながら、当時私は水族館の展示水槽を水道水で掃除して、ニジマスを全滅させたことがある。今では信じられないような失敗である。水道水には、殺菌のために塩素が入っていることを頭の中では知ってこそいたが、それが体にたたき込まれていなかったのだ。思い返せば、私はそれまで高校時代までは福井県の山の中、湧《わ》き水の豊かな大野市（福井県）の片田舎で、また大学時代は南国の地、高知でとあまりにもきれいな水環境の中で育ってきたからなのであろう。「知る」とは自分の頭のなかにある知識ではなく、かの記号論で著名なアメリカの哲学者・数学者であるパース（Charles Sander Peirce）が言うように「行為することと同じ」なのだろう。

とはいえ、当時の琵琶湖には、各種のボテ（タナゴ類）をはじめ、オイカワ、スジシマドジョウ類、モツゴ、ニゴロブナ、ゲンゴロウブナ……など、いろいろな魚が驚くほどにたんといた。春先になって琵琶湖の水が暖かくなってくると、湖岸には文字どおり湧きだすようにボテが群れをつくって、楽しそうに泳いでいた。また、当時水族館では、初冬にしばしば餌用雑魚《ざつぎょ》を購入するために志那中港《しななか》（草津市）へと寒風をついて船で出かけた。早朝の魚市場には40㎝を超えるゲンゴロウブナやニゴロブナが、トロ箱に山のように積まれていたし、タイリクバラタナゴ、カネヒラ、モツゴなど、一般に雑魚《ざこ》と称される小魚たちもいっぱいいた。昔と言っても、そんなに古くはない。わずかここ半世紀──十分古いと言われそうだが──のことなのである。

私が琵琶湖にやってきた昭和49年（1974）、時あたかも同じくして、琵琶湖の生態系を大きく変える一大事件が起きた。オオクチバス（ブラックバス）が何者かによってこの湖に放されたのだ。

以後、琵琶湖の生態系は、かつてみられなかったほどの早さで大きく変貌し始める。当時、私は日本の淡水魚の行く末に不安を感じ、ヒナモロコやニッポンバラタナゴなど、当時、減少しつつあった淡水魚（現在では絶滅危惧種とされている）の増殖の研究に力を注いでいた。しかし、バスの侵入を見すごすことができず、それまでの研究にあわせて、琵琶湖のバスの食性調査を秋山廣光さん、桑原雅之さん、松田征也さんらとともに数年間にわたって行った。それなりの成果を得られはした。しかし、侵入したバスに対して、打つ手がなく、残ったのは無力感だけであった。自分たちだけでは何も成しえなかったのだ。バス問題は、それひとり単独であるのでなく、私たちと自然の関わり方、言い換えれば社会のありかたそのものが問われていたのだ。当時、一部の人を除いてそのことに社会全体がほとんど気づいていないことに対し、私はしばしばいらだちさえ覚えていたが、それは現在も続いていると言ってよい。

平成元年（1989）は、私にとって忘れることのできない年である。ビワコオオナマズの大産卵を見てしまったのだ。初めて見たオオナマズの産卵は、大きな感動を私の胸に刻み込んでしまった。以後、私は文字どおりオオナマズの虜《とりこ》になってしまい、その産卵期が近づくと家にじっとしておれず、夜な夜な産卵観察に明け暮れることになった。オオナマズの産卵を見ていたら、なんと言うことであろうか、同じ場所にイワトコナマズが現れ、さらに数少ないながらもふつうのナマズさえ姿を現わした。以来、私はナマズ類の産卵生態の観察を趣味とすることになった。その後、琵琶湖博物館に努めるようになってからは、後に滋賀県知事となられた嘉田由紀子さんの影響もあって、田んぼに上ってくるナマズを見ることとなった。

〝ナマズたち〟は、私に生きもののことのみにとどまらず、環境とヒトの関係性に至るまでじつに多くのことを教えてくれたのであった。

さて、そうこうするうちに時代は大きく変貌を遂げていく。平成8年（1996）に琵琶湖博物館がオープンした。新生博物館のテーマは〝湖と人間〟であった。館のテーマは、私が憂えていた国内各地における淡水魚の絶滅、減少、またブラックバスの問題など、他ならない、身近な環境とそれを変貌させているヒトとの関わりそのものであった。私にとってはまさしく待望の博物館の開館であった。この博物館をいかに生かしていくのか？　それは博物館が地域の人たちとどう手を携えていくことができるかにかかっていると言ってよいだろう。そうしたことは、現在の博物館学芸員の方々の奮闘をお祈りするほかない。

ところで、最近ではこの半世紀の間に身の回りの自然、日本の自然がどう変わってきたのか、琵琶湖の淡水魚とそれを育んできた水環境がどのように変わってきたのか、を知らない世代が増えている。私の務める大学でもブルーギルやザリガニ（アメリカザリガニ）を日本在来種だと思っている学生がけっこういる。こうした中、私たち自然環境の変貌《へんぼう》をつぶさに見てきた（古い）世代は、それを若いみなさんに伝えるべき責務があると思う。このことが私をして本書を書かせることになった動機の一つである。ただし、私などが知っていることはそのごく一部でしかない。実際、自然のこと、琵琶湖のことに一番詳しいのは、それを生活の場としている漁師さんであり、湖畔に住んでおられる農家の方たちであることは言うにおよばないだろう。

本書では、私のこれまでの研究の足跡を通じ、琵琶湖のこと、ナマズのこと、外来種のこと、などなどいろいろつれづれに書きつづってみた。言うまでもないが、その中には漁師さんやそれぞれの地域の方たちから教えていただいたことが、数多く含まれている。また、その底流には、私が十数年にわたり観察してきたナマズたちに体験的に教えてもらったことが流れている。本文中でも度々ふれたが、私が彼らに教えてもらった最も大きなことは「私たちヒトは自然のこと、私たち自身も含めて生きもののことを何にも知ってはいない」ということだったように思う。

さて、本書はナマズのこと、魚のこと、水辺環境のことが中心になったが、それは私がここほぼ半世紀にわたってたまたま淡水にすむ生き物に関わってきたからにほかならない。しかし、読まれた方にはわかるように、本著に書かれた内容は自然のことに限らず、私の特に苦手な人間のコト・モノにまでおよんでいる。その道の専門家からは笑われそうで、本書を書き終えた今もどこかへ隠れたい心持ちである。とはいえ、それでもふだん思っていることをそのまま書かせていただいたので心は意外とサバサバしている。願わくば、本書を読まれた方には、個々人の立場で今後自分たちが、家庭で、社会で、またこの地球上で―と言っても、決しておおげさではない―自然とどう関わっていったらいいのかを考えるための一つの材料となってほしい（そうすれば私の恥も帳消しにしてもらえるのではないかと心密かに思っているからである）。

私が滋賀で過ごしたこの40年間の琵琶湖の変貌があまりにも激しかったため、ついついあとがきが長くなってしまった。

筆を置くに際して、まずは本稿を著す機会を与えていただいた滋賀県立琵琶湖博物館館長・篠原徹さんに厚く感謝いたしたい。また、同館副館長・高橋啓一さんに感謝いたしたい。高橋さんにはお忙しいなか本著の充実のため、わざわざ手を割いて写真を撮っていただいた。さらには本著への写真掲載を快く承諾いただいた嘉田由紀子さん、河本新さん、渡辺勝敏さんをはじめ、長年にわたって同僚であった秋山廣光さん、松田征也さん、桑原雅之さん、あるいは金尾滋史《しげふみ》さん、また多くの個人・団体に対して感謝の意を表したい。特に本著では秋山さんが博物館在職中に撮られた多くの写真を使わせていただいた。最後にサンライズ出版の岩根順子さんには、本著の編集でたいへんお世話をおかけした。心からお礼を申し上げたい。

引用・参考文献

秋篠宮文仁（２０１６）メコンに棲む神の使い プラー・ブック．秋篠宮文仁・緒方喜雄・森誠一（編）生き物文化誌選書 ナマズの博物誌．成文堂新光社，東京，１８４–２１７．

片野修（１９９９）カワムツの夏．京都大学学術出版会，京都．

片野修（２０１６）ナマズの生態と性格．秋篠宮文仁・緒方喜雄・森誠一（編）生き物文化誌選書 ナマズの博物誌．成文堂新光社，東京，３６２–３７９．

片野修・斉藤憲治・小泉顕雄（１９８８）ナマズ *Silurus asotus* のばらまき型産卵行動．魚類学雑誌35（２）：２０３–２１１．

紀平大二郎（２００２）淀川の推水位変動に伴って形成される一時的水域における魚類の侵入・産卵・逃避について．大阪教育大学．

桑村哲生・中嶋康裕（編）（１９９６）魚類の繁殖戦略1，海游社，東京．

幸田正典（１９９５）精子を飲みこんで卵を受精させる魚がいた．遺伝49（６）：６–７．

長谷川真理子（１９９６）雄と雌の数をめぐる不思議，ＮＴＴ出版，東京．

Kawanabe H (1999) Biological and cultural diversities in Lake Biwa, an ancient lake. In: Ancient lakes: their cultural and biological diversity, (Kawanabe, H., G. W. Coulter, A. C. Roosevelt eds), Kenobi Productions, Ghent, pp. 17–41.

小早川みどり（２００１）ビワコオオナマズ．川那辺浩哉・水野信彦・細谷和海（編）山渓カラー名鑑 日本の淡水魚（第3版），山と渓谷社，東京，４１６–４１９．

小早川みどり（２０１６）現生ナマズの系統と現状．秋篠宮文仁・緒方喜雄・森誠一（編）生き物文化誌選書 ナマズの博物誌．成文堂新光社，東京，３４２–３５７．

Kobayakawa M (2012) Fossil Biwa Catfish *Siurus biwaensis* from Paleo-lake Biwa. In: Kawanabe H, Nishino M, Maehata M (eds) Lake Biwa: relationship between nature and people. Springer, Dordrecht, pp. 25–26.

Kobayakawa M, Okuyama S (1994) Catfish fossils from the sediment of ancient Lake Biwa. Arch. Hydrobiol. Beih. Ergebn. Limnol. 44: 425–431.

後藤晃・前川光司（編）（１９８９）魚類の繁殖行動．東海大学出版会，東京．

ジャレド・ダイアモンド サイエンス（１９９９）セックスはなぜ楽しいか（長谷川寿一訳）．草思社，東京．

日高敏隆（１９９２）動物たちの戦略─現代動物行動学入門．読売新聞社，東京．

前畑政善（１９８４）琵琶湖で大量に漁獲されたビワコオオナマズについて．滋賀県立琵琶湖文化館研究紀要（２）：48─49．

Maehata M (2001) The physical factor inducing spawning of the Biwa catfish, *Silurus biwaensis*. Ichtyological Research 48: 137–141.

前畑政善（２００３）消えてしまった琵琶湖の魚：その復活は可能か．魚類自然史研究会会報 ボテジャコ7号：1─24．

前畑政善・長田智生（１９９４）宇治川で採集されたビワコオオナマズ稚魚．滋賀県立琵琶湖文化館研究紀要（12）：19─20．

前畑政善・長田芳和・松田征也・秋山廣光・友田淑郎（１９９０）ビワコオオナマズの産卵行動．日本魚類学雑誌37（３）：３０８─３１３．

宮地伝三郎・川那部浩哉・水野信彦（１９８３）原色日本淡水魚類図鑑（第8版）．保育社，大阪．

長田芳和・前畑政善（１９９１）ムギツクによるドンコの巣への産卵．滋賀県立琵琶湖文化館研究紀要（９）：17─20．

リチャード・ドーキンス（垂水雄二訳）（１９９５）遺伝子の川．草思社．

リチャード・ドーキンス（日高敏隆・岸由二・羽田節子・垂水雄二訳）（２００６）利己的な遺伝子．紀伊國屋書店．

高井則之（１９９８）バイオテレメトリーと生化学分析によるビワコオオナマズの生態学的研究．（博士論文）

Takai N, Sakamoto W, Maehata M, Arai N, Kitagawa T, Mitsunaga Y (1997) Settlement characteristics and habitat use of Lake Biwa catfish *Silurus biwaensis* measured by ultrasonic telemetry. Fishery Science 63(2): 181–187.

Tomoda, Y. (1961) Two new catfishes of the genus *Parasilurus* found in Lake Biwa-ko. Memoirs of the College of Science, Kyoto University, Series B, Biology, 28: 347–354.

友田淑郎（１９７８）琵琶湖とナマズ．汐文社．東京．

友田淑郎（１９８９）日本のナマズ属３種．日本の生物３（10）：52—58．

山本敏哉・遊磨正秀（１９９９）琵琶湖における魚類の初期生態—水位調節に翻弄された生息環境．In：淡水生物の保全生態学（森誠一 編）．信山社サイテック．東京．１９３—２０３．

Watanabe K, Ueno T, Mori S (1998) Fossil record of a silurid catfish from the Middle Miocene Sanyki Group of Ohkawa, Kagawa Prefecture, Japan. Ichtyological Research 45 (4): 341–345.

参考としたWeb site

アサザ基金：http://www.asaza.jp/asaza-kikin/（２０１８年10月９日閲覧）

国立環境研究所，侵入生物データーベース：https://www.nies.go.jp/biodiversity/ invasive/DB/detail/51070.html（２０１８年９月４日閲覧）

巨大ナマズの世界記録更新！世界各地でナマズの成長が止まらない⁉：http://tocana.jp/2015/03/ post_5939_entry.html（２０１８年９月４日閲覧）

Grizzly Bear-Size Catfish Caught in Thailand: https://www.nationalgeographic.com/animals/2005/06/thailand- giant-catfish-animals/（２０１８年９月４日閲覧）

環境省，特定外来生物一覧：https://www.env.go.jp/nature/intro/2outline/list.html（２０１８年９月４日閲覧）

写真提供・協力者（敬称略）

秋篠宮文仁、秋山廣光、片野修、嘉田由紀子、河本新、紀平大二郎、紀平肇、小泉顕雄、小早川みどり、斉藤憲治、友田淑郎（故人）、長田芳和、松田征也、若松博幸、渡辺勝敏（以上、個人）、日本魚類学会、京都大学理学部、国土交通省淀川河川事務所、滋賀県立琵琶湖文化館、滋賀県立琵琶湖博物館、滋賀県立図書館、彦根市立図書館（以上、団体）

【著者略歴】

前畑政善（まえはた・まさよし）

神戸学院大学人文学部教授
1951年、福井県生まれ。1974年、高知大学大学院栽培漁業学専攻・中退。同年４月から滋賀県県立琵琶湖文化館（淡水水族館）を経て1996年から滋賀県立琵琶湖博物館勤務。この間、日本産希少淡水魚の繁殖、オオクチバスの生態、ならびに水田魚類の研究に従事。2002年、京都大学博士（理学）取得。主な著書として『Lake Biwa: interaction between nature and people』（共編著, Springer Acad.)、『鯰：イメージとその素顔』（共編著、八坂書房)、『育てて調べる日本の生き物図鑑 ナマズ』（集英社)、『鯰―魚と文化の多様性』（共編著、サンライズ出版)、『田んぼの生き物たち―ナマズ』（農山漁村文化協会）など。

琵琶湖博物館ブックレット⑨

ビワコオオナマズの秘密を探る

2019年２月20日　第１版第１刷発行
2020年２月10日　第１版第２刷発行

著　者　前畑政善
企　画　滋賀県立琵琶湖博物館
〒525-0001 滋賀県草津市下物町 1091
TEL 077-568-4811　FAX 077-568-4850
デザイン　オプティムグラフィックス
発　行　サンライズ出版
〒522-0004 滋賀県彦根市鳥居本町 655-1
TEL 0749-22-0627　FAX 0749-23-7720
印　刷　シナノパブリッシングプレス

ISBN978-4-88325-655-6
定価はカバーに表示してあります

琵琶湖博物館ブックレットの発刊にあたって

琵琶湖のほとりに「湖と人間」をテーマに研究する博物館が設立されてから2016年はちょうど20年という節目になります。琵琶湖博物館は、琵琶湖とその集水域である淀川流域の自然、歴史、暮らしについて理解を深め、地域の人びととともに湖と人間のあるべき共存関係の姿を追求してきました。そして琵琶湖博物館は設立の当初から住民参加を実践活動の理念としてさまざまな活動を行ってきました。この実践活動のなかに新たに「琵琶湖博物館ブックレット」発行を加えたいと思います。

20世紀後半から博物館の社会的地位と役割はそれ以前と大きく転換しました。それは新たな「知の拠点」としての博物館への転換であり、博物館は知の情報発信の重要な公共的な場であることが社会的に要請されるようになったからです。「知の拠点」としての博物館は、常に新たな研究が蓄積され、新たな発見があるわけですから、そうしたものを「琵琶湖博物館ブックレット」シリーズというかたちで社会に還元したいと考えます。琵琶湖博物館員はもとよりさまざまな形で琵琶湖博物館に関わっていただいた人びとに執筆をお願いして、市民が関心をもつであろうさまざまな分野やテーマを取りあげていきます。高度な内容のものを平明に、そしてより楽しく読めるブックレットを目指していきたいと思います。このシリーズが県民の愛読書のひとつになることを願います。

ブックレットの発行を契機として県民と琵琶湖博物館のよりよいさらに発展した交流が生まれることを期待したいと思います。

二〇一六年　七月

滋賀県立琵琶湖博物館・館長　篠原　徹

琵琶湖博物館ブックレット6

タガメとゲンゴロウの仲間たち

市川憲平 著　　A5判　120ページ　1500円＋税

一昔前は当たり前に近くの水田や池沼で見ることができたタガメとゲンゴロウの仲間たち。タガメのメスの卵塊破壊や「田のムカデ」とよばれるゲンゴロウの幼虫など不思議な生態を49の視点から解説。希少な水生昆虫の写真と資料が満載。

琵琶湖博物館ブックレット7

琵琶湖はいつできた　地層が伝える過去の環境

里口保文 著　　A5判　120ページ　1500円＋税

悠久の水を湛える琵琶湖は、いつ、どうやってできたのか？　テーマは、気が遠くなるほどの「長い時間」。400万年前の琵琶湖の元型から現在に至るおいたちを、地層を手がかりに追究。判明した琵琶湖の地史を分かりやすく紹介。

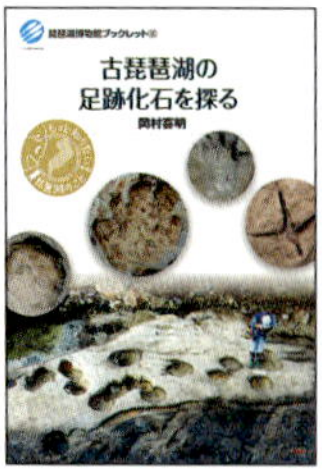

琵琶湖博物館ブックレット8

古琵琶湖の足跡化石を探る

岡村喜明 著　　A5判　112ページ　1500円＋税

開業医のかたわら、足跡化石を調査してきた著者がさまざまな足跡化石を紹介。何の足跡か推定するため、中国やタイの動物園、さらに野生生物保護区へも足しげく通い、石膏による足跡の型取りに励んだ日々を綴る。

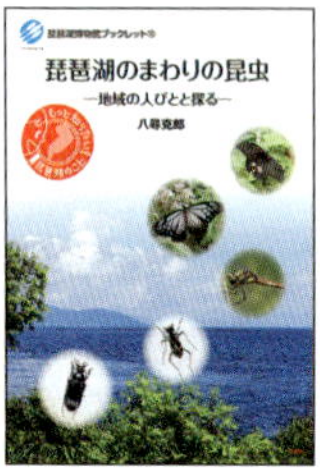

琵琶湖博物館ブックレット10

琵琶湖のまわりの昆虫　地域の人びとと探る

八尋克郎著　　A5判　128ページ　1500円＋税

種数が多い昆虫の研究には、地域の人たちといっしょに調べることが欠かせない。琵琶湖博物館の開館以来、昆虫担当学芸員として滋賀県を主なフィールドに研究してきた著者が、トンボ、チョウ、オサムシなどさまざまな昆虫の分布や生態に関わる興味深い話題とともに虫好き人間の活動を紹介。